高等职业教育规划教材

电机应用技术

冯　凯　主编

谢海良　赵　璐　副主编

化学工业出版社

·北京·

本书共 5 个项目，25 个工作任务，主要包括变压器、异步电动机、直流电机、特种电机、典型机床控制电路等。书中内容通俗易懂、内容实用、理论与实践相结合，每个任务后面设置有相应的任务实施任务单，学生按照任务单要求，小组协作，既培养学生理论联系实际、严谨求实、团结协作的精神，又能有效地提高学生独立分析问题、解决问题的能力，同时提高学生的职业能力。

本书可供高等职业技术学院、高等专科学校、职工大学的电气工程类专业、机电一体化专业选用，也可供工程技术人员参考，并可作为培训教材。

图书在版编目（CIP）数据

电机应用技术/冯凯主编. —北京：化学工业出版社，2015.1（2021.3重印）

高等职业教育规划教材

ISBN 978-7-122-06603-9

Ⅰ.①电…　Ⅱ.①冯…　Ⅲ.①电机学-高等职业教育-教材　Ⅳ.①TM3

中国版本图书馆 CIP 数据核字（2014）第 293324 号

责任编辑：韩庆利　　　　　　　　　　　　装帧设计：刘丽华

责任校对：宋　玮

出版发行：化学工业出版社（北京市东城区青年湖南街 13 号　邮政编码 100011）

印　　装：北京科印技术咨询服务公司顺义区数码印刷分部

787mm×1092mm　1/16　印张 13　字数 323 千字　2021 年 3 月北京第 1 版第 2 次印刷

购书咨询：010-64518888　　　　　　售后服务：010-64518899

网　　址：http://www.cip.com.cn

凡购买本书，如有缺损质量问题，本社销售中心负责调换。

定　　价：24.00 元　　　　　　　　　　　　　　版权所有　违者必究

本书在内容组织上紧密结合高职高专学生的实际情况，参照相应的行业标准和职业资格标准，以职业能力培养为主线，科学地构建课程教学体系，在确保理论"必需、够用"的前提下，对课程内容进行归类、整合，设置了 5 个项目，25 个工作任务，主要包括变压器、异步电动机、直流电机、特种电机、典型机床控制电路。

书中内容通俗易懂、内容实用、理论与实践相结合，每个项目或任务后面都附有一定数量的习题，帮助学生进一步巩固基础知识，同时每个任务后面设置有相应的任务实施任务单，学生按照任务单要求，小组协作，既培养学生理论联系实际、严谨求实、团结协作的精神，又有效地提高学生独立分析问题、解决问题的能力，同时提高学生的职业能力。

本书参考学时 72～96 学时，不同的专业可以根据实际情况进行选修。本书可供高等职业技术学院、高等专科学校、职工大学的电气工程类专业、机电一体化专业选用，也可供工程技术人员参考，并可作为培训教材。

本书由漯河职业技术学院冯凯主编，谢海良、赵璐副主编。冯凯进行了全书的结构设计、内容选取和统稿工作。冯凯编写了项目五，赵璐编写了项目一、三、四，王爱花编写了项目二的任务 1 至任务 4，谢海良编写了项目二的任务 5 至任务 9，另外，河南工业职业技术学院的王记昌也参与了本书的编写工作。本书在编写过程中参阅了大量的同类教材，在此，对这些教材的作者表示衷心的感谢！

本书配套电子课件，可赠送给用本书作为授课教材的院校和老师，如有需要，可登陆 www.cipedu.com.cn 下载。

尽管在编写过程中编者付出了许多心血，但由于水平有限，书中难免有不妥之处，恳请读者和专家批评指正。

编　者

项目一

变压器的认识

变压器作为一种静止的电气设备，依据电磁感应原理，可以把一种等级的交流电压和电流转变为同频率的另一种等级的交流电压和电流。它在电能的传输、分配和安全使用方面都具有重要的意义，此外，在通信、广播、电气及冶金等多个行业得到了广泛的应用。

以图 1-1 所示的电能传输系统为例，变压器的功能是将电力系统中的电压升高或降低，以利于电能的合理输送、分配和使用。在电力系统中，输送同样功率的电能，电压越高，电流就越小，输电线路上的功率损耗也越小；输电线的截面积也可以减小，这样就可以减少导线的金属用量。由于制造上的困难，发电机电压不可能很高，所以在发电厂中要用升压变压器将发电机电压升到很高，才能将大量的电能送往远处的用电地区，如 35kV、66kV、110kV、220kV、330kV、500kV 等。而在用电负荷处，再用降压变压器将电压降低到适当的数值供用户电气设备使用。

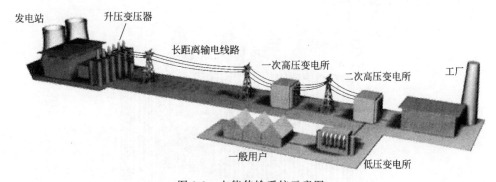

图 1-1　电能传输系统示意图

本项目主要以 S9 系列 10kV 级变压器的基本结构、工作原理和运行特性等为例，让大家完成认识变压器结构、了解变压器的基本工作原理和分析变压器运行特性这三个任务。

任务1　认识变压器结构

一、任务描述与目标

变压器是电力系统中数量极多且地位十分重要的电气设备，变压器的总容量大约是发电机总容量的 9 倍以上，在电能的传输、分配和使用中，都具有重要的意义；同时，它在电气的测量、控制等方面，也有广泛的应用。

S9 系列三相油浸式变压器采用全国统一设计标准，绝缘结构先进合理，抗短路能力强，其性能达到国际同类产品水平，与 S7 型产品相比，空载损耗平均下降 10.25%，空载电流下降 37.7%，负载损耗平均降低 22.4%，且结构合理、外型美观，可根据用户要求把油箱做成片式和管式散热，是近年来应用最广的节能产品。目前，新型低功耗节能型变压器 S11、S13 系列也已经普遍生产。

本次任务的目标是：

（1）认识 S9 系列 10kV 级变压器的结构。

（2）明白变压器型号和额定值的含义。

（3）了解变压器的分类。

二、相关知识

（一）S9 系列 10kV 级变压器的结构

在电力系统中，以油浸自冷式双绕组变压器应用最为广泛。S9 系列变压器是一种三相油浸式变压器，额定容量从 5~1600kVA 不等，本项目主要以 10kVA 级变压器为例，来说明变压器的结构。

1. 基本结构

S9 系列 10kV 级变压器的主要部件是由铁芯和绕组构成的器身，铁芯是磁路部分，绕组是电路部分。除此以外还有油箱、绝缘套管、储油柜及分接开关等其他附件。图 1-2 是 S9 系列 10kV 级变压器的结构图。

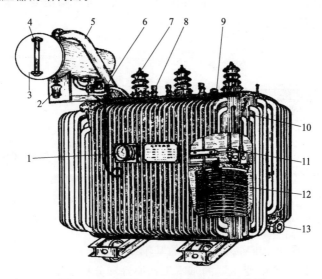

图 1-2　S9 系列 10kV 级变压器的结构图

1—信号式温度计；2—吸湿器；3—储油柜；4—油表；5—安全气道；6—气体继电器；7—高压套管；
8—低压套管；9—分接开关；10—油箱；11—铁芯；12—绕组；13—放油阀门

2. 主要构成部件简介

（1）铁芯

铁芯是变压器的磁路部分，分为铁芯柱和铁轭两部分。在铁芯柱上套上绕组，再用铁轭将铁芯柱连接起来构成闭合磁路。

① 铁芯材料：为了减少交变的磁通在铁芯中产生的磁滞和涡流损耗，提高磁路的导磁

性能，铁芯一般是由厚度为 $0.35\sim0.5$mm 的硅钢片叠装而成，每片硅钢片两面都涂上漆膜，使片与片之间绝缘。

② 铁芯叠装型式：变压器的铁芯叠装一般是将硅钢片剪成一定形状，把铁芯柱和铁轭的钢片一层一层交错重叠，如图 1-3(a) 所示。采用交错式叠装法，减小了相邻层的接缝，从而减小了空载电流和空载损耗，国产变压器普遍采用叠装式的铁芯结构。大型变压器大都采用冷轧硅钢片作为铁芯材料，通常采用如图 1-3(b) 所示的冷轧硅钢片铁芯叠装方法，铁芯叠片采用全斜接缝。

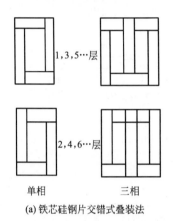

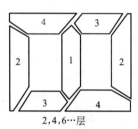

(a) 铁芯硅钢片交错式叠装法　　　　　(b) 冷轧硅钢片铁芯叠装方法

图 1-3　铁芯叠装型式

③ 铁芯柱截面：在小型变压器中，铁芯柱截面的形状一般采用正方形或矩形，而在大容量变压器中，铁芯柱的截面一般做成阶梯形，以充分利用绕组的内圆空间，如图 1-4 所示。

④ 铁芯结构形式：变压器铁芯的结构有心式、壳式和渐开线式等形式，心式结构的特点是铁芯柱被绕组包围，如图 1-5 所示。壳式结构的特点是铁芯包围绕组顶面、底面和侧面，如图 1-6 所示。壳式结构的机械强度较好，但制造复杂，心式结构比较简单，绕组装配比较容易，故电力变压器的铁芯主要采用心式结构。

图 1-4　大型变压器铁芯柱截面

（2）绕组

绕组是变压器的电路部分，一般由铜或铝绝缘导线绕制而成。在变压器中，接到高压电网的绕组称为高压绕组，接到低压电网的绕组称为低压绕组，根据高低压绕组装配位置的不同，分为同心式绕组和交叠式绕组。

① 同心式绕组：是将高、低压绕组同心套在铁芯柱上，为了便于对地绝缘，一般把低压绕组靠近铁芯柱，高压绕组套在低压绕组的外面，如图 1-5(a) 所示。同心式绕组结构简单，制造方便，电力变压器一般采用这种结构。

② 交叠式绕组：又称饼式绕组，是将高、低压绕组分为若干线饼，沿着铁芯柱的高度方向交替排列，为了便于绕组和铁芯绝缘，一般把最上层和最下层放置低压绕组，如图 1-7 所示，主要用于特种变压器中。

（3）油箱

S9 系列变压器是一种油浸式变压器，整个变压器的器身（将绕组套在铁芯上就构成了

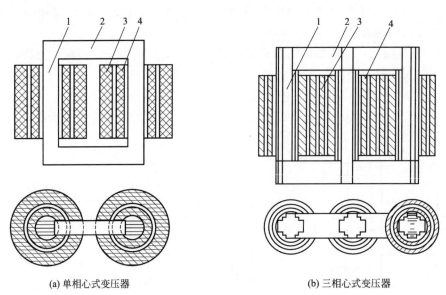

(a) 单相心式变压器   (b) 三相心式变压器

图 1-5 心式变压器的结构

1—铁芯柱；2—铁轭；3—高压绕组；4—低压绕组

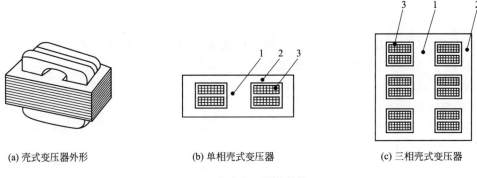

(a) 壳式变压器外形   (b) 单相壳式变压器   (c) 三相壳式变压器

图 1-6 壳式变压器的结构

1—铁芯柱；2—铁轭；3—绕组

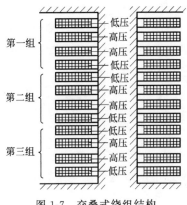

图 1-7 交叠式绕组结构

变压器的器身）都放在油箱中，箱内充满变压器油。变压器油作为一种矿物油，具有很好的绝缘性能，主要起两个作用：①在变压器绕组与绕组之间、绕组与铁芯和油箱之间起绝缘作用；②变压器油受热后产生对流，对变压器铁芯和绕组起散热作用。此外，油箱外部有许多散热油管，主要是为了增大散热面积。

（4）储油柜

俗称为油枕，如图 1-8 所示，是一个圆筒形容器，装在油箱上，用管道和油箱相连，使油刚好充满到油枕的一半。储油柜内的油面高度随着变压器油的热胀冷缩而变动，从外面的油表中可以看到油面的高低。储油柜的作用是既能及时将油充满整个油箱，还能防止潮气侵入使油氧化。

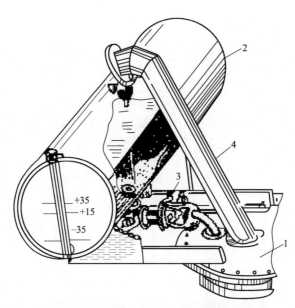

图 1-8 储油柜、安全气道及气体继电器
1—油箱；2—储油柜；3—气体继电器；4—安全气道

（5）安全气道

亦称防爆管，如图 1-8 所示，装在油箱顶盖上，它是一种保护设备，当变压器发生严重故障而产生大量气体时，气体和油将首先冲破防爆膜向外喷出，以降低油箱内的压力，避免油箱内因受到强大的压力而爆裂。

（6）气体继电器

如图 1-8 所示。当变压器内部发生故障使绝缘物质损坏时，油箱内部产生的气体使气体继电器动作，接通中间继电器，直接切断变压器的油开关，同时发出事故信号，以便维护人员及时处理。

（7）分接开关

变压器运行时，输出电压是随着输入电压的高低和负载电流的大小和性质而变动的。在电力系统中，为了使变压器的输出电压控制在允许的变化范围内，变压器的原边绕组匝数要求在一定范围可以调节，因而原边绕组一般都备有抽头，称为分接头。通过和不同分接头连接改变原边绕组的匝数，从而达到调节输出电压的目的。

分接开关分为有载调压和无载调压两种。

（8）绝缘套管

由绝缘套管内外部的瓷套和其中的导电杆组成，如图 1-9 所示。

变压器的引出线从油箱内部引到箱外时必须通过绝缘套管，使引线与油箱绝缘。绝缘套管一般是瓷质的，现在也有玻璃的。为了增大外表面放电距离，套管外形做成多级伞形裙边。电压愈高，级数愈多。

（二）S9 系列 10kV 级变压器的铭牌

为使变压器安全、经济、合理地运行，每台变压器上都安装了一块铭牌，外观如图 1-10 所示，上面标注了变压器的型号及各种额定数据等。只有理解铭牌上各种数据的含义，才能正确、安全地使用变压器。下面

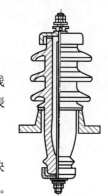

图 1-9 绝缘套管

介绍铭牌上的主要内容。

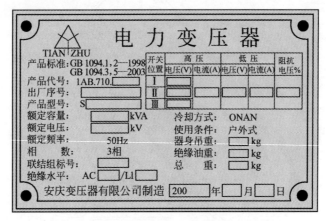

图 1-10 电力变压器的铭牌

1. 变压器的型号

电力变压器的型号包括变压器的结构、额定容量、电压等级、冷却方式等内容，其型号具体意义如下：

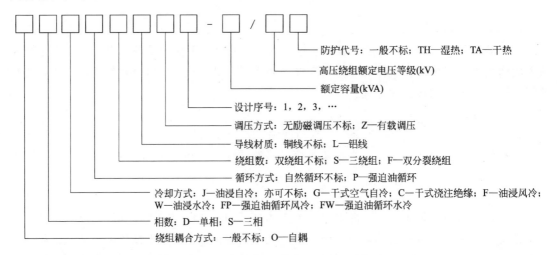

例如 SL-500/10 表示三相油浸自冷双绕组铝线，额定容量为 500kVA，高压绕组额定电压为 10kV 级的电力变压器。

2. 变压器的额定值

（1）额定电压：变压器在正常运行时，规定加在原边绕组上的电压，称为原边的额定电压，用 U_{1N} 来表示；当副边绕组开路（即空载），原边绕组加额定电压时，副边绕组的测量电压，即为副边的额定电压，用 U_{2N} 来表示。在三相变压器中，额定电压指的是线电压，单位是伏特（V）或千伏（kV）。

（2）额定电流：变压器额定容量下允许长期通过的电流，原边和副边的额定电流分别用 I_{1N} 和 I_{2N} 来表示。在三相变压器中，额定电流指的是线电流，单位是安培（A）。

（3）额定容量：是指变压器在额定工作状态下，二次绕组的额定功率，用 S_N 来表示，单位是千伏安（kVA）。

单相变压器：
$$S_N = U_{1N}I_{1N} = U_{2N}I_{2N} \tag{1.1}$$

三相变压器：$\qquad\qquad S_N=\sqrt{3}U_{1N}I_{1N}=\sqrt{3}U_{2N}I_{2N}$ $\qquad$(1.2)

（4）额定频率：我国规定标准工业用交流电的频率是 50Hz。

【例 1-1】 一台三相油浸自冷式变压器，已知 $S_N=560kVA$，$U_{1N}/U_{2N}=10000V/400V$，试求一次、二次绕组的额定电流 I_{1N} 和 I_{2N} 分别是多大？

解：

$$I_{1N}=\frac{S_N}{\sqrt{3}U_{1N}}=\frac{560\times1000}{\sqrt{3}\times10000}=32.33A$$

$$I_{2N}=\frac{S_N}{\sqrt{3}U_{2N}}=\frac{560\times1000}{\sqrt{3}\times400}=808.29A$$

三、知识拓展——变压器的分类

为了达到不同的使用目的并适应不同的工作条件，变压器可以从用途、相数、绕组数目、冷却方式等方面进行分类。

1. 按用途分类

（1）电力变压器：电力系统中使用的变压器，包括升压变压器、降压变压器、配电变压器和厂用变压器等。

（2）特种变压器：根据不同系统和部门的要求，提供各种特殊场合使用的变压器，包括电炉变压器、电焊变压器、整流变压器及仪用互感器等。

2. 按相数分类

（1）单相变压器：原边绕组和副边绕组均为单相绕组。

（2）三相变压器：原边绕组和副边绕组均为三相绕组。

（3）多相变压器：原边绕组和副边绕组均多于三相绕组。

3. 按绕组数目分类

（1）双绕组变压器：每相有高压和低压两个绕组。

（2）三绕组变压器：每相有高压、中压和低压三个绕组。

（3）多绕组变压器：每相有三个以上绕组。

（4）自耦变压器：每相至少有两个以上的绕组具有公共部分。

4. 按冷却方式分类

（1）干式变压器：用空气进行冷却。

（2）油浸式变压器：用变压器油进行冷却，还可以分为以下两种：

① 自然油循环：通过油自然对流冷却。

② 强迫油循环：用油泵将变压器油抽到外部进行循环冷却。

任务 2 了解相关磁路知识

一、任务描述与目标

变压器是利用电磁感应原理进行工作的，在学习下一个任务之前，大家需要具备基本的磁路知识。

本次任务的目标是：

（1）基本磁路物理量的认知。

（2）常用磁路定律定则的认知。

二、相关知识

（一）基本磁路物理量的认知

1. 磁通

在静电学中用电场线来形象描述空间的电场分布，类似的也可以用磁力线来形象地描述空间磁场的分布。通过与磁场方向垂直的某一面积上的磁力线的总数，叫做通过该面积的磁通量，简称磁通，用字母 Φ 表示。它的单位名称是韦伯，简称韦，用符号 Wb 表示。

磁通是一个标量。磁通流过的路径称为磁路，电流只能从导体中通过，但是磁通可以在任意介质中通过，因此磁通可以分为两部分。

① 主磁通：由于铁芯的导磁性能比空气要好得多（磁导率大），所以绝大部分磁通将在铁芯内通过，这部分磁通称为主磁通。

② 漏磁通：围绕载流线圈、部分铁芯和铁芯周围的空间，还存在少量分散的磁通，这部分磁通称为漏磁通。

2. 磁感应强度

垂直通过单位面积的磁力线的多少，叫该点的磁感应强度。在均匀磁场中，磁感应强度可表示为 $B=\Phi/S$。这个式子表明，磁感应强度 B 等于单位面积的磁通量。所以有时磁感应强度也叫磁通密度。当磁通单位为 Wb，面积单位为 m^2，那么磁感应强度 B 的单位是 T，称为特斯拉，简称特。

磁感应强度是一个矢量。磁力线上某点的切线方向就是该点磁感应强度的方向，也就是这一点磁场方向。所以磁感应强度不但表示了某点磁场的强弱，而且还能表示出该点的磁场方向。

3. 磁阻

电阻是反映导体对电流起阻碍作用大小的一个物理量，用 R 来表示。在磁场中，反映磁路对磁通的阻力叫磁阻，用 R_m 来表示，它由磁路的材料、形状及尺寸所决定，$R_m=L/\mu S$（L 表示导体的长度，μ 是磁导率，S 表示导体的截面面积）。磁阻的单位是 $1/H$。

4. 磁导率

反映导体导电性能好坏的物理量叫电导率。在磁场中与电导率相对应的是磁导率，它是用来表示媒介质导磁性能好坏的物理量。用字母 μ 表示，其单位名称是 H/m，简称亨/米。非铁磁物质的磁导率是一个常数，而铁磁物质的磁导率不是常数。由实验测得真空中的磁导率 $\mu_0=4\pi\times10^{-7}H/m$，为一个常数。把任意物质的磁导率与真空的磁导率的比值称为相对磁导率，用 μ_γ 表示，即 $\mu_\gamma=\mu/\mu_0$。

5. 磁场强度

我们举一个例子，假如在一块磁铁上吸附一颗小铁钉，磁铁相当于小铁钉的外磁场，小铁钉就是磁铁的一种媒介质，对于磁铁周围的磁场，用磁场强度 H 来表示，那么被磁化后的小铁钉的磁场（既包括了外磁场，又包括了媒介质对外磁场的影响）用磁感应强度 B 表示，也就是说磁感应强度受磁导率的影响，而磁场强度 H 与磁导率无关。磁场中某点的磁感应强度 B 与媒介质磁导率的比值，叫做该点的磁场强度，用 H 表示，即：$H=B/\mu$，磁场强度的单位名称为安培/米，简称安/米，用符号 A/m 表示。

磁场强度是矢量，在均匀媒介质中，它的方向和磁感应强度的方向一致。

6. 磁动势

磁场是由电流产生的，但取决于电流与线圈匝数的乘积 NI。把这一乘积叫做磁动势或磁通势，简称磁势，用 F 表示，即 $F = NI$。磁势是磁路中产生磁通的"推动力"。磁势的国际制单位为安（A）。

（二）基本磁路定律定则的认知

1. 磁路欧姆定律

和电路中的欧姆定律一样，在磁路中，可以用磁路欧姆定律来表示。以图 1-11(a) 所示的等截面无分支闭合铁芯磁路为例：线圈 N 匝，电流 i，铁芯截面为 S，磁路平均长度为 L，磁导率为 μ。可以等效为图 1-11(b) 所示的磁路。

$$\Phi = \frac{F}{R_m} \tag{1.3}$$

式中，R_m 是磁阻，单位为安培匝每韦伯，或匝数每亨利；F 是磁动势，单位为安培匝；Φ 是磁通量，单位为韦伯。

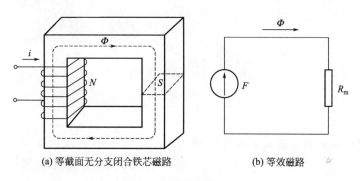

(a) 等截面无分支闭合铁芯磁路   (b) 等效磁路

图 1-11   磁路欧姆定律

即磁路中的磁通 Φ 等于作用在该磁路上的磁动势 F 除以磁路的磁阻 R_m，这就是磁路的欧姆定律。

2. 安培定则

也叫右手定则，是表示电流和电流激发磁场的磁感线方向间关系的定则。

通电直导线中的安培定则（安培定则一）：用右手握住通电直导线，让大拇指指向电流的方向，那么四指的指向就是磁感线的环绕方向，如图 1-12 所示。

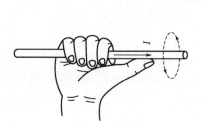

图 1-12   安培定则一

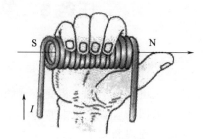

图 1-13   安培定则二

通电螺线管中的安培定则（安培定则二）：用右手握住通电螺线管，使四指弯曲与电流方向一致，那么大拇指所指的那一端是通电螺线管的 N 极，如图 1-13 所示。

3. 左手定则

电磁学中，右手定则判断的主要是与力无关的方向。如果是和力有关的则全依靠左手定则。即，关于力的用左手，其他的（一般用于判断感应电流方向）用右手定则。

左手平展，让磁感线穿过手心，使大拇指与其余四指垂直，并且都跟手掌在一个平面内。把左手放入磁场中，让磁感线垂直穿入手心，手心面向 N 极（叉进点出），四指指向电流所指方向，则大拇指的方向就是导体受力的方向，如图 1-14 所示。

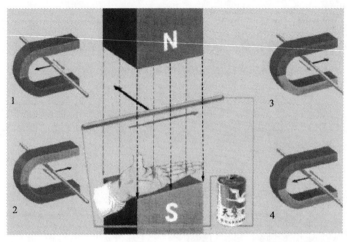

图 1-14　左手定则

4. 基尔霍夫电流定律

流入和流出单位面积的磁通量的代数和为零。以图 1-15 所示的磁路为例，通过单位面积 S 的磁通量的代数和为零。

$$-\Phi_1+\Phi_2+\Phi_3=0 \qquad (1.4)$$

5. 法拉第电磁感应定律

当穿过封闭回路的磁通量发生变化时，回路中的感应电动势 e 的大小和穿过回路的磁通量变化率等成正比，即 $e=-N\dfrac{\mathrm{d}\Phi}{\mathrm{d}t}$，这就是法拉第电磁感应定律。

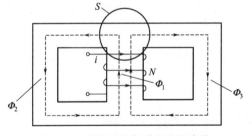

图 1-15　磁路的基尔霍夫电流定律

任务 3　单相变压器的使用

一、任务描述与目标

为了让大家更好地学习三相变压器的正确使用方法，本次任务以单相变压器的使用为基点，通过学习单相变压器的基本原理、工作特性等内容，让大家学会对小型变压器的变压、变流和阻抗变换作用的测试。

本次任务的目标是：

（1）掌握单相变压器的基本工作原理。

（2）了解单相变压器的空载运行特性。

（3）了解单相变压器的负载运行特性。

（4）通过小型变压器的变换电压、电流和阻抗实验，明白变压器的作用。

（5）通过变压器的空载和短路实验，了解变压器的工作特性。

（6）培养安全用电的意识。

二、相关知识

（一）单相变压器的工作原理

变压器是利用电磁感应原理工作的，主要由铁芯和套在铁芯上的两个（或两个以上）互相绝缘的绕组组成，绕组之间只有磁的耦合，没有电的联系，如图 1-16 所示。

接在额定电压的交流电源上的绕组称为原边绕组（或称为一次绕组），其匝数为 N_1；接负载的绕组称为副边绕组（或称为二次绕组），其匝数为 N_2。当原边绕组外加电压 u_1 交流电源时，原边绕组中流过交流电流，产生交变磁动势，使铁芯中产生交变磁通 Φ，并交链于原边、副边绕组，使原边和副边绕组中分别产生感应电动势 e_1 和 e_2。

根据电磁感应定律推导得出结论：$\dfrac{U_1}{U_2} = \dfrac{E_1}{E_2} = \dfrac{N_1}{N_2}$ (1.5)

从式中可知，变压器的一次、二次绕组感应电动势之比与电压之比都等于一次与二次绕组的匝数之比。在磁动势一定的条件下，只需改变一次、二次绕组的匝数之比，就可实现改变二次绕组输出电压的目的。

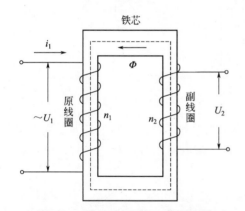

图 1-16　单相变压器的工作原理图

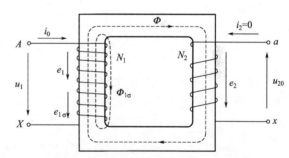

图 1-17　单相变压器的空载运行原理图

（二）单相变压器的空载运行

变压器空载运行是指变压器的一次绕组接在额定频率、额定电压的交流电源上，二次绕组开路时的运行状态，如图 1-17 所示。

图中，原边绕组两端加上交流电压 u_1 时，便有交变电流 i_0 通过原边绕组，i_0 称为空载电流，大、中型变压器的空载电流约为原边额定电流的 $3\%\sim8\%$。变压器空载时，原边绕组近似为纯电感电路，故 i_0 滞后 u_1 90°，此时原边绕组的交变磁动势为 i_0N_1，它产生交变磁通，因为铁芯的磁导率比空气（或油）大得多，绝大部分磁通通过铁芯磁路交链着原边、副边绕组，称为主磁通或工作磁通，用 Φ 来表示；还有少量磁通穿出铁芯沿着原边绕组外侧通过空气或油而闭合，这些磁通只与原边绕组交链，称为漏磁通，用 $\Phi_{1\sigma}$ 来表示，漏磁通一般都很小，可以忽略不计。

若外加电压 u_1 按正弦变化，则 i_0 和 Φ 都按正弦变化。假设

$$\Phi = \Phi_{\mathrm{m}} \sin\omega t$$

推导可得：
$$\frac{E_1}{E_2} = \frac{4.44 f N_1 \Phi_{\mathrm{m}}}{4.44 f N_2 \Phi_{\mathrm{m}}} = \frac{N_1}{N_2} \tag{1.6}$$

由于变压器的空载电流 i_0 很小，原边绕组的电压降可以忽略不计，故原边绕组的感应电动势 E_1 近似地与外加电压 U_1 相平衡，即 $U_1 \approx E_1$。而副边绕组是开路的，其端电压 U_{20} 就等于感应电动势 E_2，即 $U_{20} = E_2$。于是有

$$\frac{U_1}{U_{20}} \approx \frac{E_1}{E_2} = \frac{N_1}{N_2} = k \tag{1.7}$$

式(1.7) 说明，变压器空载时，原边、副边绕组端电压之比近似等于电动势之比，即匝数之比，这个比值 k 称为变压比，简称变比。

当 $k>1$，则 $U_{20}<U_1$，是降压变压器；当 $k<1$，则 $U_{20}>U_1$，是升压变压器。

（三）单相变压器的负载运行

变压器的负载运行是指原边绕组加额定电压，副边绕组与负载相连接时的运行状态，如图 1-18 所示。和空载运行相比，负载运行时副边绕组上有了电流 i_2。

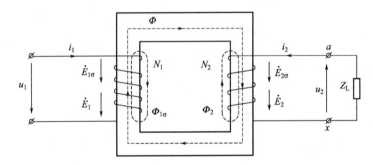

图 1-18　单相变压器的负载运行原理图

因为变压器原边绕组的电阻很小，它的电阻电压降可以忽略不计。实际上，即使变压器满载，原边绕组的电压降也只有额定电压 U_{1N} 的 2% 左右，所以变压器负载运行时，仍可认为 $U_1 \approx E_1$。由式(1.6) 可知：

$$U_1 \approx 4.44 f N_1 \Phi_{\mathrm{m}} \tag{1.8}$$

上式是反映变压器基本原理的重要公式。它说明，不论是空载还是负载运行，只要加在原边绕组上的电压 U_1 及其频率 f 都保持一定，铁芯中工作磁通的最大值就基本上保持不变，那么根据磁路欧姆定律，铁芯磁路中的磁动势也应基本不变。

空载时，铁芯磁路中的磁通是由原边磁动势产生的。负载时，原边、副边绕组都有电流，则此时铁芯中的磁通是由原边和副边绕组的磁动势共同产生的。前面说过，不管空载还是负载，只要原边绕组上的电压 U_1 及其频率 f 都保持一定，铁芯磁路中的磁动势也应基本不变。故有
$$\dot{I}_1 N_1 + \dot{I}_2 N_2 = \dot{I}_0 N_1 \tag{1.9}$$

式(1.9) 称为变压器负载运行时的磁动势平衡方程。

经过推导可得：
$$\frac{I_1}{I_2} \approx \frac{N_2}{N_1} = \frac{1}{k} \tag{1.10}$$

式(1.10) 只适用于满载或重载的运行状态，而不适用于轻载的运行状态，该式说明，当变压器接近满载时，原边、副边绕组的电流近似地与绕组匝数成反比，这表明变压器有变

流作用。

变压器除了有变压、变流的作用之外，还可用来实现阻抗的变换。假设在变压器的副边绕组接入阻抗 Z_L，那么在原边看，这个阻抗值相当于多少呢？由图 1-19 可知，等效阻抗

$$Z'_L = \frac{U_1}{I_1} = \frac{kU_2}{\frac{1}{k}I_2} = k^2 Z_L \quad (1.11)$$

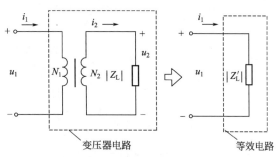

式(1.11) 说明，变压器副边的负载阻抗值 Z'_L 反映到原边的阻抗值近似为 Z_L 的 k^2 倍，起到了阻抗变换的作用，图 1-19 是表示这种变换作用的等效电路图。

例如，把一个 8Ω 的负载电阻接到 $k=3$ 的变压器副边，折算到原边就是 $R'_L \approx$

图 1-19　变压器阻抗变换等效电路

72Ω。可见，选用不同的变比，就可把负载阻抗变换为等效二端网络所需的阻抗值，使负载获得最大功率，这种做法称为阻抗匹配，在广播设备中常用到，该变压器称为输出变压器。

【例 1-2】　如图 1-20 所示，交流信号源的电动势 $E=120\text{V}$，内阻 $R_0=800\Omega$，负载为扬声器，其等效电阻为 $R_L=8\Omega$。求：

(1) 当将负载直接与信号源连接时，信号源输出多大功率？

(2) 当负载通过变压器接到信号源且 R_L 折算到原边的等效电阻 $R'_L=R_0$ 时，求变压器的匝数比和信号源输出的功率。

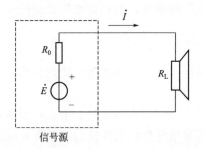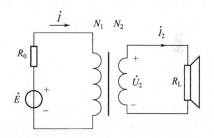

图 1-20　例 1-2 图

解：(1) 将负载直接接到信号源上时，输出功率为：

$$P = \left(\frac{E}{R_0 + R_L}\right)^2 R_L = \left(\frac{120}{800+8}\right)^2 \times 8 = 0.176\text{W}$$

(2) 变压器的匝数比应为：

$$k = \frac{N_1}{N_2} = \sqrt{\frac{R'_L}{R_L}} = \sqrt{\frac{800}{8}} = 10$$

信号源的输出功率：

$$P = \left(\frac{E}{R_0 + R'_L}\right)^2 \times R'_L = \left(\frac{120}{800+800}\right)^2 \times 800 = 4.5\text{W}$$

结论：接入变压器以后，输出功率大大提高。

原因：满足了最大功率输出的条件 $R'_L = R_0$。

（四）单相变压器的工作特性

变压器的工作特性是指外特性和效率特性，表征变压器性能的主要指标有电压变化率和效率。

1. 变压器的外特性

是指电源电压和负载的功率因数为常数时，二次侧电压随负载电流变化的规律，即

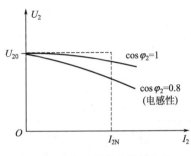

图 1-21　变压器的外特性曲线

$U_2=f(I_2)$。变压器负载运行时，由于变压器内部存在电阻和漏阻抗，故当负载电流（负载运行时的二次侧电流）流过时，变压器内部将产生阻抗压降，使二次侧电压随着负载电流的变化而变化。负载的性质不同，变压器的外特性曲线也不同。变压器的外特性曲线如图 1-21 所示。

负载是电阻性（$\cos\varphi_2=1$）和电感性（$\cos\varphi_2=0.8$）时，外特性曲线是下降的。

一般供电系统希望随着 I_2 的变化，U_2 变化不多，即保证足够的稳定性，这里就引入了一个参数——电压变化率。

2. 电压变化率

是指变压器一次绕组加上交流 50Hz 的额定电压，二次绕组空载电压 U_{20} 和带负载后在某一功率因数下二次绕组电压 U_2 之差与二次绕组额定电压 U_{2N} 的比值，用 ΔU 表示，即

$$\Delta U=\frac{U_{20}-U_2}{U_{2N}}\times100\% \tag{1.12}$$

电压变化率反映了变压器供电电压的稳定性与电能的质量，是表征变压器运行性能的重要数据之一。一般供电系统要求电压变化率不超过 5%。

3. 变压器的损耗

变压器的输入功率和输出功率之差称为变压器的损耗，分为铜损耗和铁损耗两部分。

（1）铜损耗（P_{Cu}）

变压器的铜损耗分为基本铜损耗和附加铜损耗两大类。基本铜损耗是电流在原边和副边绕组的电阻上的损耗，而附加铜损耗主要指漏磁场引起电流集肤效应使绕组的有效电阻增大而增加的铜耗，以及漏磁场在结构部件中引起的涡流损耗等。附加铜损耗大约为基本铜损耗的 0.5%～20%。

变压器铜损耗的大小与负载电流的平方成正比，所以把铜损耗称为可变损耗。

（2）铁损耗（P_{Fe}）

变压器的铁损耗包括基本铁损耗和附加铁损耗两大类。基本铁损耗为铁芯中的涡流和磁滞损耗，它取决于铁芯中磁通密度大小、磁通交变的频率和硅钢片的质量。附加铁损耗包括由铁芯叠片间绝缘损伤引起的局部涡流损耗、主磁通在结构部件中引起的涡流损耗等，一般为基本铁损耗的 15%～20%。

变压器的铁损耗与一次侧外加电源电压的大小有关，与负载大小无关，当电源电压一定时，变压器的铁损耗基本上保持不变，故又称为不变损耗。

4. 变压器的效率

变压器的效率是指变压器的输出功率与输入功率之比，用百分数表示，即

$$\eta = \frac{P_2}{P_1} \times 100\% = \frac{P_2}{P_2 + P_{Cu} + P_{Fe}} \times 100\% = \left(1 - \frac{P_{Cu} + P_{Fe}}{P_2 + P_{Cu} + P_{Fe}}\right) \times 100\% \quad (1.13)$$

变压器效率的大小反映了变压器运行的经济性能的好坏，是表征变压器运行性能的重要指标之一。由于变压器没有转动部分，也就没有机械摩擦损耗，因此效率很高，一般中小型电力变压器效率在 95% 以上，大容量电力变压器最高频率可达 98%～99% 以上。

当可变损耗与不变损耗相等时，可达到最大效率，但是由于铜损耗一直随着负载变化，一般变压器不可能总在额定负载下运行，因此为了提高变压器的运行效率，设计时使铁损耗相对比较小一些。

三、任务实施

（一）任务实施内容
小型变压器的变压、变流和阻抗变换作用的测试；变压器的空载试验和短路试验。

（二）任务实施要求
（1）正确使用测试仪表。
（2）正确测试电压、电流等有关数据并进行数据分析。
（3）撰写安装与测试报告。

（三）任务所需设备
（1）电工实验实训台　　　　　　　　　1套
（2）小型变压器（220V/55V）　　　　　1台
（3）交流电流表　　　　　　　　　　　1块
（4）交流电压表　　　　　　　　　　　1块
（5）万用表　　　　　　　　　　　　　1块
（6）灯泡（36V/6W）　　　　　　　　　3只
（7）交流调压器（0～250V）　　　　　　1台

（四）任务实施步骤
1. 小型变压器变换电压、电流和阻抗试验

按照图 1-22 所示电路接好线路，调节调压器使单相变压器空载时的输出为 36V，然后分别在变压器的副边接入 1 只、2 只、3 只灯泡，测量单相变压器的输入电压和输出电压、输入电流和输出电流，将测量数据记录到任务单中，根据测量数据计算 Z_L 和 Z'_L 的值，分析变压器的阻抗变换作用。

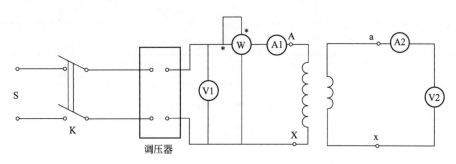

图 1-22　小型变压器变换电压、电流和阻抗的电路图

小型变压器变换电压、电流和阻抗试验任务单

班级：_____ 组别：_____ 学号：_____ 姓名：_____ 操作日期：_____

试验前准备		
序号	准备内容	准备情况自查
1	知识准备	变压器内部结构是否了解　　是□　否□ 变压器工作原理是否了解　　是□　否□ 测试方法是否掌握　　　　　是□　否□
2	材料准备	万用表是否完好　　　是□　否□ 电流表是否完好　　　是□　否□ 电压表是否完好　　　是□　否□ 灯泡是否完好　　　　是□　否□ 交流调压器是否完好　是□　否□

试验过程记录		
步骤	内容	数据记录
1	接入1只灯泡时	变压器一次侧的电压是_____V 变压器一次侧的电流是_____A 变压器一次侧的阻抗是_____Ω 变压器二次侧的电压是_____V 变压器二次侧的电流是_____A 变压器二次侧的阻抗是_____Ω
2	接入2只灯泡时	变压器一次侧的电压是_____V 变压器一次侧的电流是_____A 变压器一次侧的阻抗是_____Ω 变压器二次侧的电压是_____V 变压器二次侧的电流是_____A 变压器二次侧的阻抗是_____Ω
3	接入3只灯泡时	变压器一次侧的电压是_____V 变压器一次侧的电流是_____A 变压器一次侧的阻抗是_____Ω 变压器二次侧的电压是_____V 变压器二次侧的电流是_____A 变压器二次侧的阻抗是_____Ω
4	分析变压器阻抗变换作用	
5	收尾	电流表挡位回位□　　　电压表挡位回位□ 万用表挡位回位□　　　垃圾清理干净□ 凳子放回原处□　　　　台面清理干净□

验收		
优秀□　　良好□　　中□　　及格□　　不及格□		
教师签字：　　　　　　　　　日期：		

任务实施标准

序号	内容	配分	等级	评分细则	得分
1	认识变压器	10分	10	能从外形认识变压器结构,错误1个扣2分	
2	变压器一次、二次侧数据测量	50分	20	万用表使用,挡位错误1次扣5分	
			10	测试方法,错误扣10分	
			20	测试结果,每错1个扣1分	
3	阻抗变换作用分析	20分	10	分析错误1处扣5分	

序号	内容	配分	等级	评分细则	得分
4	现场整理	20分	20	现场整理干净,仪表及桌椅摆放整齐	
			10	经提示后能将现场整理干净	
			0	不合格	
合计					

2. 变压器空载试验

① 断开交流电源,将图 1-22 中所示的单相变压器的低压线圈 a、x 接电源,高压线圈 A、X 开路。

注意:空载试验在高压侧或低压侧进行都可以,但为了试验安全,通常在低压侧进行,将高压侧空载。由于变压器空载运行时空载电流很小,功率因数很低,一般在 0.2 以下,应选择低功率因数瓦特表测量功率,并将电压表接在功率表前面,以减小测量误差。

② 将调压器旋钮调到输出电压为零的位置,合上交流电源开关,调节调压器的旋钮使空载电压 $U_0 = 1.2U_N$,然后逐次降低电源电压,在 $(1.2 \sim 0.2)U_N$ 的范围内,每次测量空载电压 U_0,空载电流 I_0,空载损耗 P_0,填到任务单中,在 $(1.2 \sim 0.2)U_N$ 范围内,测量数据 6～7 组,其中 $U_0 = U_N$ 的点必须测,在该点附近测点必须密。

③ 为了计算变压器的变比,在 U_N 以下测取原边电压的同时测出副边电压数据记录到任务单中。

3. 变压器短路试验

① 断开交流电源,将图 1-22 中所示的单相变压器的低压线圈 a、x 短路,高压线圈 A、X 接电源。

注意:短路试验也可以在变压器的任何一侧进行,但为了试验安全,通常在高压侧进行;短路试验操作要快,否则线圈发热会引起电阻变化。由于变压器短路时的电流很大,因此将电压表接在功率表后面。

② 将调压器旋钮调到输出电压为零的位置,合上交流电源开关,调节调压器的旋钮逐渐缓慢增加输入电压,直到短路电流升到 $1.1I_N$,在 $(0.2 \sim 1.1)I_N$ 的范围内,迅速测量短路功率 P_k,短路电压 U_k,短路电流 I_k,填到任务单中,在 $(0.2 \sim 1.1)I_N$ 范围内,测量数据 5～6 组,其中 $I_k = I_N$ 的点必须测。

③ 试验时应测量变压器周围环境温度作为试验时线圈的实际温度。

变压器空载试验、短路试验任务单

班级:＿＿＿＿＿ 组别:＿＿＿＿＿ 学号:＿＿＿＿＿ 姓名:＿＿＿＿＿ 操作日期:＿＿＿＿＿

试验前准备			
序号	准备内容	准备情况自查	
1	知识准备	变压器空载运行特性是否了解	是□ 否□
		变压器工作特性是否了解	是□ 否□
		测试方法是否掌握	是□ 否□
2	材料准备	万用表是否完好	是□ 否□
		电流表是否完好	是□ 否□
		电压表是否完好	是□ 否□
		温度计是否完好	是□ 否□
		交流调压器是否完好	是□ 否□

续表

						变压器空载试验过程记录		

<table>
<tr><td colspan="9" style="text-align:center">变压器空载试验过程记录</td></tr>
<tr><td>步骤</td><td>内容</td><td colspan="7" style="text-align:center">数据记录</td></tr>
<tr><td rowspan="7">1</td><td rowspan="7">测量数据</td><td colspan="5" style="text-align:center">测量数据</td><td colspan="2" style="text-align:center">计算数据</td></tr>
<tr><td>序号</td><td>U_0/V</td><td>I_0/A</td><td>P_0/W</td><td>U_1/V</td><td>$I_0\% = \dfrac{I_0}{I_N} \times 100\%$</td><td>$\cos\varphi_0 = \dfrac{P_0}{U_0 I_0}$</td></tr>
<tr><td></td><td></td><td></td><td></td><td></td><td></td><td></td></tr>
<tr><td></td><td></td><td></td><td></td><td></td><td></td><td></td></tr>
<tr><td></td><td></td><td></td><td></td><td></td><td></td><td></td></tr>
<tr><td></td><td></td><td></td><td></td><td></td><td></td><td></td></tr>
<tr><td></td><td></td><td></td><td></td><td></td><td></td><td></td></tr>
<tr><td>2</td><td>计算
变压比</td><td colspan="7">由空载试验测量变压器的一次、二次侧电压的数据,计算出变压比,取其平均值作为变压器的变压比。你测量的变压器的变压比是 _____。</td></tr>
<tr><td>3</td><td>绘制空载
特性曲线</td><td colspan="2" style="text-align:center">$U_0 = f(I_0)$</td><td colspan="3" style="text-align:center">$P_0 = f(U_0)$</td><td colspan="2" style="text-align:center">$\cos\varphi_0 = f(U_0)$</td></tr>
<tr><td colspan="9" style="text-align:center">变压器短路试验过程记录</td></tr>
<tr><td>步骤</td><td>内容</td><td colspan="7" style="text-align:center">数据记录</td></tr>
<tr><td rowspan="6">1</td><td rowspan="6">测量数据</td><td colspan="2" style="text-align:center">U_k/V</td><td colspan="2" style="text-align:center">I_k/A</td><td colspan="2" style="text-align:center">P_k/W</td><td colspan="1" style="text-align:center">$\cos\varphi_k = \dfrac{P_k}{U_k I_k}$</td></tr>
<tr><td colspan="2"></td><td colspan="2"></td><td colspan="2"></td><td></td></tr>
<tr><td colspan="2"></td><td colspan="2"></td><td colspan="2"></td><td></td></tr>
<tr><td colspan="2"></td><td colspan="2"></td><td colspan="2"></td><td></td></tr>
<tr><td colspan="2"></td><td colspan="2"></td><td colspan="2"></td><td></td></tr>
<tr><td colspan="2"></td><td colspan="2"></td><td colspan="2"></td><td></td></tr>
<tr><td>2</td><td>绘制短路
特性曲线</td><td colspan="2" style="text-align:center">$U_k = f(I_k)$</td><td colspan="3" style="text-align:center">$P_k = f(U_k)$</td><td colspan="2" style="text-align:center">$\cos\varphi_k = f(U_k)$</td></tr>
<tr><td>3</td><td style="text-align:center">收尾</td><td colspan="7">电流表挡位回位□   电压表挡位回位□
万用表挡位回位□   垃圾清理干净□
凳子放回原处□   台面清理干净□</td></tr>
<tr><td colspan="9" style="text-align:center">验收</td></tr>
<tr><td colspan="9" style="text-align:center">优秀□   良好□   中□   及格□   不及格□

教师签字: 日期:</td></tr>
</table>

任务实施标准

序号	内容	配分	等级	评分细则	得分
1	元器件安装 及线路连接	30分	10	元器件安装错误,每处扣5分	
			10	线路连接错误,每处扣5分	
			10	线路连接乱,不利于测量,扣10分	
2	通电测试	30分	10	不能进行通电测试,扣10分	
			10	通电测试不准确,每次扣5分	
			10	读数错误,每次扣5分	

续表

序号	内容	配分	等级	评分细则	得分
3	仪器仪表的使用	20分	20	仪器仪表操作不规范,每次扣5分	
				量程错误,每次扣5分	
				读数错误,每次扣5分	
4	现场整理	20分	10	现场整理干净,仪表及桌椅摆放整齐	
			10	经提示后能将现场整理干净	
			0	不合格	
合计					

四、知识拓展

(一) 自耦变压器

普通双绕组变压器原、副绕组之间仅有磁的耦合,并无电的直接联系。自耦变压器只有一个绕组,如图 1-23 所示,即原、副绕组公用一部分绕组,所以自耦变压器原、副绕组之间除有磁的耦合外,又有电的直接联系。实质上自耦变压器就是利用一个绕组抽头的方法来实现改变电压的一种变压器。

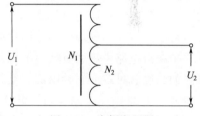

图 1-23 自耦变压器

以图 1-23 所示的自耦变压器为例,将匝数为 N_1 的原绕组与电源相接,其电压为 U_1;匝数为 N_2 的副绕组(原绕组的一部分)接通负载,其电压为 U_2。自耦变压器的绕组也是套在闭合铁芯的芯柱上,工作原理与普通变压器一样,原边和副边的电压、电流与匝数的关系仍为:

$$\frac{U_1}{U_2} \approx \frac{N_1}{N_2} = k \qquad \frac{I_1}{I_2} \approx \frac{N_2}{N_1} = \frac{1}{k}$$

可见适当选用匝数 N_2,副边就可得到所需的电压。

自耦变压器的中间出线端,如果做成能沿着整个线圈滑动的活动触点,如图 1-24 所示,这种自耦变压器称为自耦调压器,其副边电压 U_2 可在 0 到稍大于 U_1 的范围内变动。

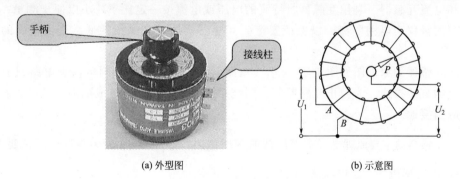

(a) 外型图   (b) 示意图

图 1-24 单相自耦调压器

小型自耦变压器常用来启动交流电动机,在实验室和小型仪器上常用做调压设备,也可用在照明装置上来调节亮度,电力系统中也应用大型自耦变压器作为电力变压器。自耦变压器的变比不宜过大,通常选择变比 $k<3$,而且不能用自耦变压器作为 36V 以下安全电压的

供电电源。

（二）电焊变压器

交流弧焊机应用很广。电焊变压器是交流弧焊机的主要组成部分，它是一种双绕组变压器，在副绕组电路中串联一个可变电抗器。图 1-25 是它的原理图。

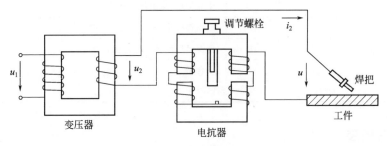

图 1-25　电焊变压器原理图

对电焊变压器的要求是：空载时应有足够的引弧电压（约 $60\sim75V$），以保证电极间产生电弧。有载时，副绕组电压应迅速下降，当焊条与工件间产生电弧并稳定燃烧时，约有 $30V$ 的电压降，短路时（焊条与工件相碰瞬间），短路电流不能过大，以免损坏焊机。另外，为了适应不同的焊件和不同规格的焊条，焊接电流的大小要能够调节。

副绕组电路中串联有铁芯电抗器，调节其电抗就可调节焊接电流的大小。改变电抗器空气隙的长度就可改变它的电抗，空气隙增大，电抗器的感抗随之减小，电流就随之增大。

如图 1-25 所示，原、副绕组分别绕在两个铁芯柱上，使绕组有较大的漏磁通。漏磁通只与各绕组自身交链，它在绕组中产生的自感电动势起着减弱电流的作用，因此可用一个电抗来反映这种作用，称为漏电抗，它与绕组本身的电阻合称为漏阻抗。漏磁通越大，该绕组本身的漏电抗就越大，漏阻抗也就越大。对负载来说，副绕组相当于电源，那么副绕组本身的漏阻抗就相当于电源的内部阻抗，漏阻抗大就是电源的内阻抗大，会使变压器的外特性曲线变陡，即副边的端电压 U_2 将随电流 I_2 的增大而迅速下降，这样就满足了有载时副边电压迅速下降以及短路瞬间短路电流不致过大的要求。

（三）仪用互感器

专供测量仪表、控制和保护设备用的变压器称为仪用互感器。仪用互感器有两种：电压互感器和电流互感器。利用互感器将待测的电压或电流按一定比率减小以便于测量；且将高压电路与测量仪表电路隔离，以保证安全。互感器实质上就是损耗低、变比精确的小型变压器。

电压互感器的原理图如图 1-26 所示。由图看到，高压电路与测量仪表电路只有磁的耦合而无电的直接接通。为防止互感器原、副绕组之间绝缘损坏时造成危险，铁芯以及副绕组的一端应当接地。

电压互感器的主要原理是根据变压器的变压作用，即 $\dfrac{U_1}{U_2}\approx\dfrac{N_1}{N_2}$，为降低电压，要求 $N_1>N_2$，一般规定副边的额定电压为 $100V$。

电流互感器的原理图如图 1-27 所示。电流互感器的主要原理是根据变压器的变流作用，即 $\dfrac{I_1}{I_2}\approx\dfrac{N_2}{N_1}$，为减小电流，要求 $N_1<N_2$，一般规定副边的额定电流为 $5A$。

使用互感器时，必须注意：由于电压互感器的副绕组电流很大，因此绝不允许短路；电流互感器的原绕组匝数很少，而副绕组匝数较多，这将在副绕组中产生很高的感应电动势，因此电流互感器的副绕组绝不允许开路。

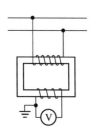
图 1-26 电压互感器的原理图

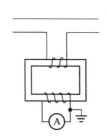
图 1-27 电流互感器的原理图

图 1-28 便携式钳形电流表的外形图

便携式钳形电流表就是利用电流互感器原理制成的，图 1-28 是它的外形图，其副绕组端接有电流表，铁芯由两块 U 形元件组成，用手柄能将铁芯张开与闭合。

测量电流时，不需断开待测支路，只需张开铁芯将待测的载流导线钳入，这根导线就称为互感器的原绕组，于是可以从电流表直接读出待测电流值。

任务 4　三相变压器及其应用

一、任务描述与目标

由于目前电力系统都是三相制的，所以，三相变压器应用非常广泛。从运行原理上看，三相变压器与单相变压器完全相同。三相变压器在对称负载下运行时，可取其一相来研究，即可把三相变压器化成单相变压器来研究。

本次任务的目标是：

（1）了解 S9 系列三相变压器的磁路。

（2）会判断单相变压器的连接组别。

（3）会判断三相变压器的连接组别。

（4）熟悉三相变压器的并联运行意义和条件。

（5）培养安全用电的意识。

二、相关知识

（一）三相变压器的磁路

三相变压器的磁路系统按铁芯结构可以分为各相磁路彼此无关（独立）和彼此相关（不独立）两类。

1. 三相组式变压器

三相变压器组是由 3 个同样的单相变压器组成的，如图 1-29 所示。它的结构特点是三相之间只有电的联系而无磁的联系，它的磁路特点是三相磁通各有自己的单独磁路，互不相关联。

如果外施电压是三相对称的，则三相磁通也一定是对称的。如果 3 个铁芯的材料和尺寸

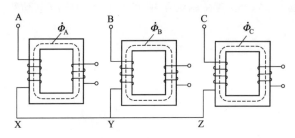

图 1-29 三相变压器组 Y-y 连接示意图

相同，则三相磁路的磁阻相等，三相空载电流也是相等的。

三相变压器组的铁芯材料用量多，占地面积大，效率也较低；受运输条件或备用容量限制。所以，实际当中主要用于巨型容量变压器的制造。

2. 三相芯式变压器

三相芯式变压器是由三相变压器组演变而来的。如果把 3 个单相变压器的铁芯按如图 1-30(a) 所示的位置靠拢在一起，外施三相对称电压时，则三相磁通也是对称的，因中心柱中磁通为三相磁通之和，且 $\dot{\Phi}_A + \dot{\Phi}_B + \dot{\Phi}_C = 0$，所以，中心柱中没有磁通通过。因此，可将中心柱省去，变成如图 1-30(b) 所示的形状。实际上为了制造的方便，常用的三相变压器的铁芯是将 3 个铁芯柱布置在同一个平面内，如图 1-30(c) 所示。

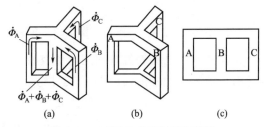

图 1-30 三相芯式变压器的磁路

由图 1-30 可以看出，三相芯式变压器的磁路是连在一起的，各相的磁路是相互关联的，即每相的磁通都以另外两相的铁芯柱作为自己的回路。三相的磁路不完全一样。B 相的磁路比两边的 A 相和 C 相的磁路要短些。B 相的磁阻较小，因而 B 相的励磁电流也比其他两相的励磁电流要小。由于空载电流只占额定电流的百分之几，所以空载电流不对称，对三相变压器的负载运行影响很小，可以不予考虑。在工程上取三相空载电流的平均值作为空载电流值，即在相同的额定容量下，三相芯式变压器与三相变压器组相比，铁芯用料少、效率高、价格便宜、占地面积小、维护简便，因此，中、小容量的电力变压器都采用三相芯式变压器。

(二) 变压器的连接组

为了说明变压器的连接方法，首先对绕组的首端、末端的标记作规定。见表 1-1。

表 1-1 绕组首端末端的标记规定

线圈名称	单相变压器		三相变压器		
	首端	末端	首端	末端	中点
高压线圈	A	X	A B C	X Y Z	O
低压线圈	a	x	a b c	x y z	O

以上的标志都注明在变压器的线套管上，它牵涉到变压器的相序和一次侧、二次侧的相位关系等，是不允许任意改变的。变压器的高压绕组和低压绕组都还可以采用星形和三角形接法，而且高、低绕组线电势（或线电压）的相位关系可以有多种情形。按照连接方式与相位关系，如图 1-31、图 1-32 所示，可把变压器绕组的连接分成不同的组合，称为绕组的连接组。

变压器的连接组一般均采用"时钟法"表示。即用时钟的长针代表高压边的线电势相量，且位于时钟的 12 时处不动；短针代表低压边的相应的线电势相量，它们的相位差除以 30°为短针所指的钟点数。

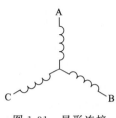

图 1-31　星形连接

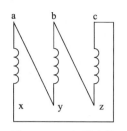

图 1-32　三角形连接

变压器绕组的连接不仅仅是组成电路系统的问题，而且还关系到变压器中电磁量的谐波及变压器的并联运行等一系列的问题。在使用过程中应明白连接组的含义，以便正确地选用变压器。

1. 单相变压器的连接组别

单相变压器的原、副边绕组缠绕在同一根铁芯柱上，并被同一主磁通所交链，任何时刻两个绕组的感应电动势都会在某一端呈现高电位的同时，在另外一端呈现出低电位。借用电路理论的知识，把原、副边绕组中同时呈现高电位（低电位）的端点称为同名端，并在该端点旁加"."来表示。反之，称为异名端。当原、副绕组的首端为同名端时，它们的电势同相位。反之，则反相位。

按照惯例，统一规定原、副边绕组感应电动势的方向均从首端指向末端。一旦两个绕组的首、末端定义完之后，同名端便唯一由绕组的绕向决定。当同名端同时为原、副边绕组的首端（末端）时，$\dot{E}_A$ 和 $\dot{E}_a$ 同相位，用连接组 I/I—12 表示，如图 1-33 所示；否则，$\dot{E}_A$ 和 $\dot{E}_a$ 相位相差 180°，用连接组 I/I—6 表示，如图 1-34 所示。从以上的讲述中可以看出影响单相组别的因素有：

① 绕组的绕向（决定了同极性端子）。

② 首末端标志。当始末端为同极性时，原、副方电势同相位，否则反相位。

另外，在这里应该看到单相变压器只有两种连接组。即 I/I—12 和 I/I—6 两种。

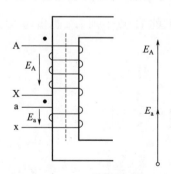

图 1-33　I/I—12 连接组

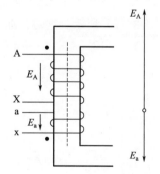

图 1-34　I/I—6 连接组

2. 三相变压器的绕组的连接方式

在三相电力变压器中，不论一次绕组或二次绕组，其连接方法主要有星形和三角形两种。把三相绕组的三个末端 X、Y、Z（或 x、y、z）连接在一起，而把它们的首端 A、B、C（或 a、b、c）引出，这便是星形连接，用字母 Y 或 y 表示，如图 1-35（a）所示。

把一相绕组的末端和另一相绕组的首端连在一起，顺次连接成闭合回路，然后，从首端

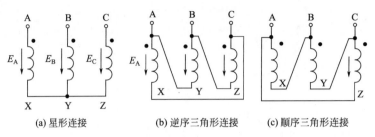

(a) 星形连接　　　　(b) 逆序三角形连接　　(c) 顺序三角形连接

图 1-35　三相变压器星形与三角形连接

A、B、C（或 a、b、c）引出，如图 1-35（b）、（c）所示，这便是三角形连接，用字母 D 或 d 表示，如图 1-35（b）、（c）所示。在图 1-35（b）中，三相绕组按 A-X-C-Z-B-Y-A 的顺序连接，称为逆序（逆时针）三角形连接；在图 1-35（c）中，三相绕组按 A-X-B-Y-C-Z-A 的顺序连接，称为顺序（顺时针）三角形连接。现在新国标中只有顺序三角形连接。

3. 三相变压器连接组别

三相变压器的连接组由两部分组成：一部分表示三相变压器的连接方法；一部分表示连接组的标号。下面介绍连接组的方法和作图步骤。

（1）根据绕组连接方法画出绕组连接图，标明高压侧各绕组的同名端，根据高压侧的同名端标明同一铁芯柱上的低压侧同名端。

（2）标明高压侧相电势 $\dot{E}_A$、$\dot{E}_B$、$\dot{E}_C$ 和低压侧相电势 $\dot{E}_a$、$\dot{E}_b$、$\dot{E}_c$ 的正方向。

（3）随后可以先画出高压线圈的相量图；再根据同名端和端子标号来确定低压侧相电势的向量位置。

（4）对于不同的连接方式画出高压侧任一线电势和其对应的低压侧线电势的向量位置，将 AB、ab 连线，根据它们的相位差，按照时钟法确定连接组别。

现在举例说明三相变压器连接组的判别方法。

（1）（Y，y）连接。三相变压器连接时的接线图如图 1-36（a）所示。图中同名端在对应端，这时，原、副边对应的相电动势同相位，同时原、副边对应的线电动势 $\dot{E}_{AB}$ 与 $\dot{E}_{ab}$ 也同相位，如图 1-36（b）所示。这时，如把 $\dot{E}_{AB}$ 指向钟面的 12 点，则 $\dot{E}_{ab}$ 也指向 12 点，故其连接组就写为（Y，y-12）。

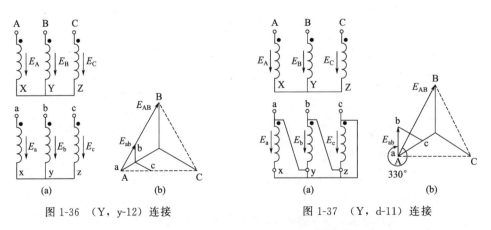

图 1-36　（Y，y-12）连接　　　　图 1-37　（Y，d-11）连接

（2）（Y，d）连接。三相变压器（Y，d-11）连接时的接线图如图 1-37（a）所示。图中

将原、副绕组的同名端标为首端（或末端），副绕组做三角形连接，这时，原、副边对应相的相电动势也同相位，但线电动势 $\dot{E}_{AB}$ 与 $\dot{E}_{ab}$ 的相位差为 330°，如图 1-37(b) 所示。当 $\dot{E}_{AB}$ 指向钟面的 12 时，$\dot{E}_{ab}$ 则指向 11，故其组号为 11，用（Y，d-11）表示。

综上所述，对（Y，y）连接而言，可得 0、2、4、6、8、10，六个偶数连接组标号；对（Y，d）连接而言，可得 1、3、5、7、9、11，六个奇数连接组标号。因此，三相变压器共有十二个不同的连接组别。同时可以看出影响三相组别的因素有以下几个方面。

① 它与绕组的绕向。

② 首、末端标记。

③ 三相绕组的连接方式。

用时钟法来表示连接组的组别。

为便于制造和并联运行，国家标准规定（Y，yn0）、（Y，d11）、（Y_N，d11）、（Y_N，y0）和（Y，y0）5 种连接作为三相双绕组电力变压器的标准连接组，其中以前 3 种最为常用。（Y，yn0）连接组的二次绕组可引出中性线，构成三相四线制，用作配电变压器时可兼供动力和照明负载；（Y，d11）连接组用于低压侧电压超过 400V 的线路中；（Y_N，d11）连接组主要用于高压输电线路中，使电力系统的高压侧可以接地。

三、任务实施

（一）任务实施内容

测定三相绕组的极性。

（二）任务实施要求

(1) 正确使用测试仪表。

(2) 正确测试有关数据并进行数据分析。

(3) 撰写安装与测试报告。

（三）任务所需设备

(1) 三相芯式变压器   1 台

(2) 交流电流表   1 块

(3) 交流电压表   1 块

(4) 万用表   1 块

（四）任务实施步骤

(1) 首先用万用表欧姆挡测量哪两个出线端是属于同一绕组，并暂定标记 A-X，B-Y，C-Z 及 a-x，b-y，c-z。

(2) 确定每相一、二次绕组的极性，如图 1-38 所示。将 Y-y 两端头用导线相连，在 B-Y 上加（50%～70%）U_N，测量电压 U_{BY}，U_{Bb} 和 U_{bY}，若 $U_{Bb}=|U_{BY}-U_{bY}|$，则标号正确。若 $U_{Bb}=|U_{BY}+U_{bY}|$，则须把 b、y 的标号对调。同理，其他两相也可依此法定出。

(3) 测定芯式变压器的高压边 A，B，C 三相间极性。对于芯式变压器，除测定一次、二次绕组极性外，还应测定三相间的极性，其测定方法为：把芯式变压器的 X-Z 两端头用导线相连，如图 1-38 所示，在 B 相加（50%～70%）U_N 的电压，用电压表测 U_{AC}、U_{AX} 和 U_{CZ}。若 $U_{AC}=|U_{AX}-U_{CZ}|$，则标号正确。其标号如图 1-38 所示。若 $U_{Bb}=|U_{BY}+U_{bY}|$，

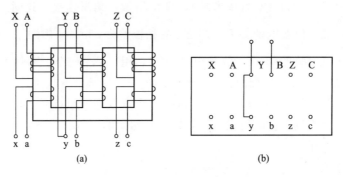

图 1-38 一次、二次绕组的极性测定

则相间符号不正确，应把 A、C 相中任一相的端点符号互换（如将 A、X 换成 x、z）。同理，可定 A、B 相（或 B、C 相）的相间极性，因而三相的高压绕组相互间的极性可以定出。

变压器三相绕组极性测试任务单

班级：_____ 组别：_____ 学号：_____ 姓名：_____ 操作日期：_____

试验前准备		
序号	准备内容	准备情况自查
1	知识准备	变压器同名端是否了解　是□　否□ 变压器连接组别是否了解　是□　否□ 测试方法是否掌握　是□　否□
2	材料准备	万用表是否完好　是□　否□ 电流表是否完好　是□　否□ 电压表是否完好　是□　否□
试验过程记录		
步骤	内容	数据记录
1	一次绕组极性测定	
2	二次绕组极性测定	
3	高压侧 A、B、C 三相间极性	
4	收尾	电流表挡位回位□　电压表挡位回位□ 万用表挡位回位□　垃圾清理干净□ 凳子放回原处□　台面清理干净□
验收		
优秀□　良好□　中□　及格□　不及格□		
教师签字：　　　　　　日期：		

任务实施标准

序号	内容	配分	等级	评分细则	得分
1	元器件安装及线路连接	30分	10	元器件安装错误，每处扣5分	
			10	线路连接错误，每处扣5分	
			10	线路连接乱，不利于测量，扣10分	

续表

序号	内容	配分	等级	评分细则	得分
2	通电测试	30分	10	不能进行通电测试,扣10分	
			10	通电测试不准确,每次扣5分	
			10	读数错误,每次扣5分	
3	仪器仪表的使用	30分	10	仪器仪表操作不规范,每次扣5分	
			10	量程错误,每次扣5分	
			10	读数错误,每次扣5分	
4	现场整理	20分	20	现场整理干净,仪表及桌椅摆放整齐	
			10	经提示后能将现场整理干净	
			0	不合格	
合计					

四、知识拓展——变压器的并联运行

在实际使用中,如果两台或两台以上的变压器共同使用时,通常采用并联运行。这里主要讲述变压器并联运行的意义和条件,分析不完全满足理想并联条件时的并联运行情况。

1. 并联的意义

所谓变压器的并联运行,就是几台变压器的原、副绕组分别连接到原、副边的公共母线上,共同向负载供电的运行方式。如图1-39所示。

在现代电力系统中,常采用多台变压器并联远行的方式。在发电厂或变电站中,通常都会由多台变压器来共同承担传输电能的任务,其意义在于:

(1)可以提高供电的可靠性。在同时运行的多台变压器中,如果有变压器发生故障,可以在其他变压器继续工作的情况下将其切除,并进行维修,不会影响供电的连续性和可靠性。

(2)可以提高供电的经济效益。变压器所带负载是随季节、气候和早晚等外部情况的变化而改变的,可以对变压器的负载进行监控,来决定投入运行的变压器的台数,以提高运行效率。

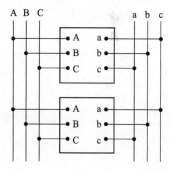

图1-39 两台变压器并联运行

(3)可以减少备用容量。

2. 并联的理想情况

(1)空载运行时,各变压器绕组之间无环流。

(2)负载时,各变压器所分担的负载电流与其容量成正比,防止某台过载或欠载,使并联的容量得到发挥。

(3)带上负载后,各变压器分担的电流与总的负载电流同相位,当总的负载电流一定时,各变压器所分担的电流最小,或者说当各变压器的电流一定时,所能承受的总负载电流为最大。

3. 理想并联运行的条件

(1) 各台变压器的额定电压相等，并且各台变压器的电压比相等。

(2) 各台变压器的连接组别必须相同。

(3) 各台变压器的短路阻抗（或短路电压）的标准值要相等。

(4) 并联运行的变压器最大容量与最小容量之比应小于 3：1。实际上，变压器在并联运行时，必须满足的是第二个条件，其他的三个条件都允许有稍许出入。

习题与思考

1. 变压器按用途可以分为哪几类？按冷却方式可以分为哪几类？

2. 变压器的铁芯为什么要用硅钢片叠成，用整块铁行否，不用铁芯行不行？

3. 变压器的铁芯导磁回路中如果出现间隙，对变压器有什么影响？

4. 有一台型号为 S-560/10 的三相变压器，额定电压 $U_{1N}/U_{2N}=10000/400V$，Y/Y₀ 接法，供给照明用电，若白炽灯额定值是 100W，220V，三相总共可安多少盏灯，变压器才不过载？

5. 某台变压器额定电压为 220/110V，若把副边 110V 错当成原边接到 220V 交流电源上，主磁通和励磁电流会怎样变化？若把原边错接到直流 220V 电源上，会有什么问题？

6. 试计算下列变压器的变比。

(1) 额定电压 $U_{1N}/U_{2N}=3300/220V$ 的单相变压器。

(2) 额定电压 $U_{1N}/U_{2N}=10000/400V$，Y，y 接法的三相变压器。

(3) 额定电压 $U_{1N}/U_{2N}=10000/400V$，Y，d 接法的三相变压器。

7. 变压器带负载时，二次电流加大，为什么一次电流也加大？

8. 一台额定频率为 60Hz 的变压器，接到 50Hz 电网上运行时，若额定电压不变，试问励磁电流、铁芯损耗和漏电抗有什么变化？

9. 短路试验操作时，先短路，然后从零开始加大电压，这是为什么？

10. 什么情况下可用简化等值电路分析计算变压器的问题？

11. 三相变压器的一次、二次绕组的接线图如图 1-40 所示。画出向量图，用时钟法判定其连接组别。

12. 变压器并联运行的条件是什么？哪一个条件要求绝对严格？

13. 电压互感器和电流互感器在使用时应注意哪些问题？电流互感器运行时二次侧为什么不能开路？

14. 用电压互感器，其电压比为 6000/100V，用电流互感器，其电流比为 100/5A，测量后，其电压读数为 96V，电流表读数为 3.5A，求被测电路的电压、电流各为多少？

15. 试述自耦变压器与普通变压器比较时的优、缺点，为什么自耦变压器的变比不可过大？

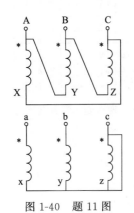

图 1-40 题 11 图

项目二

异步电动机的综合应用

在生产生活中，几乎所有设备的动力都来自电动机。电动机的种类很多，其中，异步电动机是应用最为广泛的电动机之一。为了使电动机能够更好地为生产生活服务，必须熟悉电动机的工作原理、结构，掌握电动机的运行规律和控制要求。本项目主要完成小型异步电动机的拆装、绕制和检测，低压电器元件的识别和拆装，掌握异步电动机控制原理图的识图方法并能够熟练识读电气原理图，会设计简单的异步电动机的控制原理图，能够熟练应用接触器、继电器、按钮、行程开关等一系列的低压电器元件安装控制线路，实现对电动机的启动、制动、反转、调速等控制。

任务 1　小型三相异步电动机的拆装

一、任务描述与目标

三相异步电动机在生产生活中被广泛应用，常见的三相异步电动机如图 2-1 所示。通过拆装小型异步电动机能够直观地熟悉异步电动机的结构，亦能促进对异步电动机工作原理的学习，同时也锻炼了扳手、拆卸器、万用表、摇表等各种工具、仪表的使用能力。

本次任务的学习目标是：

(1) 熟悉三相异步电动机的结构；

(2) 掌握小型三相异步电动机的拆装过程；

(3) 了解三相异步电动机的铭牌数据；

(4) 了解三相异步电动机的系列。

图 2-1　常见的三相异步电动机外形

二、相关知识

(一) 三相异步电动机的结构

三相异步电动机的种类很多：按转子结构形式可分为笼型异步电动机和绕线型异步电动机，笼型和绕线型异步电动机的结构分别如图 2-2 及图 2-3 所示；按防护形式可分为开启式三相异步电动机、防护式三相异步电动机、封闭式三相异步电动机、防爆式三相异步电动机；按通风冷却方式可分为自冷式三相异步电动机、他冷式三相异步电动机、管道通风式三相异步电动机；按安装结构形式可分为卧式三相异步电动机、立式三相异步电动机、带底脚三相异步电动机、带凸缘三相异步电动机。

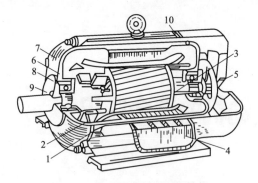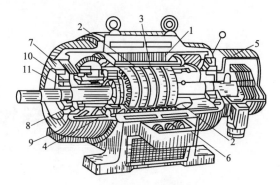

图 2-2　笼型异步电动机的结构
1—定子；2—定子绕组；3—转子；4—线盒；
5—风扇；6—轴承；7—端盖；8—内盖；
9—外盖；10—风罩

图 2-3　绕线型异步电动机的结构
1—定子；2—定子绕组；3—转子；4—转子绕组；
5—滑环风扇；6—出线盒；7—轴承；8—轴承盒；
9—端盖；10—内盖；11—外盖

　　三相异步电动机分类方法虽不同，但各类三相异步电动机的结构却是相同的：主要由固定不动的定子和旋转的转子所组成，定子与转子间存在很小的间隙，称为气隙。

　　1. 定子

　　异步电动机定子主要由定子铁芯、定子绕组和机座等部件组成。

　　（1）定子铁芯：电动机磁路的一部分，图 2-4(a) 所示为异步电动机的定子铁芯。为了减小磁场在铁芯中引起的涡流和磁滞损耗，定子铁芯由导磁性能较好的 0.5mm 厚、表面具有绝缘层的硅钢片叠压而成。定子铁芯叠片内圆冲有均匀分布的一定形状的槽，用以嵌放定子绕组。中小型电动机的定子铁芯采用整圆冲片，如图 2-4(b) 所示。大、中型电动机常采用扇形冲片拼成一个圆。

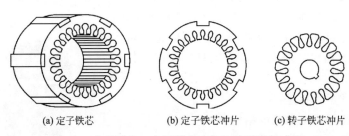

(a) 定子铁芯　　　　(b) 定子铁芯冲片　　　　(c) 转子铁芯冲片

图 2-4　定子铁芯、定子铁芯冲片、转子铁芯冲片

　　（2）定子绕组：电动机的电路部分，由许多线圈按一定的规律连接而成。小型异步电动机的定子绕组由高强度漆包圆铜线或铝线绕制而成，一般采用单层绕组；大、中型异步电动机的定子绕组用截面较大的扁铜线绕制成型，再包上绝缘，一般采用双层绕组。定子绕组分布均匀地嵌入定子铁芯的内圆槽内，用以建立旋转磁场。

　　三相（U、V、W）定子绕组的六个出线端引至机座上的接线盒内与六个接线柱相连，根据设计要求可接成三角形或星形。如图 2-5 所示，图（a）为三相绕组的星形连接方式，图（b）为三相绕组的三角形连接方式。在接线盒中，三相定子绕组的六个线头排成上下两排，并规定下排的三个接线柱从左到右的排列编号为 U_1、V_1、W_1，上排的编号从左到右为 W_2、U_2、V_2。

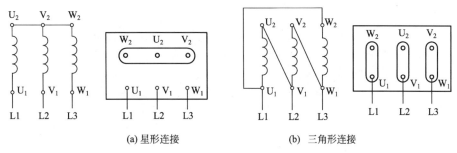

(a) 星形连接　　　　　(b) 三角形连接

图 2-5　接线盒内接线

（3）机座：电动机的外壳，用以固定和支撑定子铁芯及端盖，机座应具有足够的强度和刚度，同时还应满足通风散热的需要。小型异步电动机的机座一般用铸铁铸成，大型异步电动机机座常用钢板焊接而成。为了增加散热面积、加强散热，封闭式异步电动机机座外壳上面有散热筋，防护式电动机机座两端端盖开有通风孔或机座与定子铁芯间留有通风道等。

2. 转子

转子主要由转子铁芯、转子绕组和转轴等部件构成。

（1）转子铁芯：电动机磁路的一部分。一般用 0.5mm 厚的硅钢片叠压而成，套装在转轴上，转子铁芯叠片外圆冲有嵌放转子绕组的槽。如图 2-4（c）图所示。

（2）转子绕组：转子绕组的作用是感应出电动势和电流并产生电磁转矩。其结构形式有笼型和绕线型两种。

① 笼型转子绕组。在每个转子槽中插入一铜条，在铜条两端各用一铜质端环焊接起来形成一个自身闭合的多相短路绕组，形如鼠笼，称为铜条转子，如图 2-6 所示。也可以用铸铝的方法，把转子导条和端环、风扇叶片用铝液一次浇铸而成，称为铸铝转子，如图 2-7 所示。中小异步电动机的笼型转子一般采用铸铝转子。因笼型转子结构简单、制造方便、运行可靠，所以得到广泛应用。

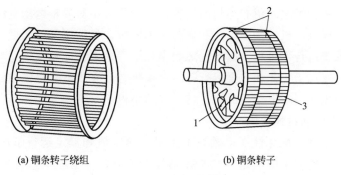

(a) 铜条转子绕组　　　　　(b) 铜条转子

图 2-6　铜条转子结构

1—铁芯；2—导条短路环；3—嵌入的导条

② 绕线型转子绕组。绕线型转子绕组与定子绕组相似，也是制成三相绕组，一般作星形连接。三根引出线分别接到转轴上彼此绝缘的三个滑环上，通过电刷装置与外部电路相连，如图 2-8 所示。转子绕组回路中可串入三相可变电阻用以改善电动机的启动性能或调节电动机转速。为了消除电刷和滑环之间的机械摩擦损耗及接触电阻损耗，在大中型绕线式电动机中，还装设有提刷短路装置，启动时使转子绕组与外电路接通，启动完毕后，在不需调

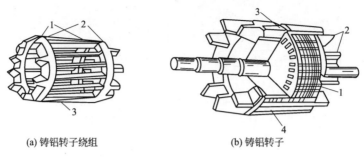

(a) 铸铝转子绕组　　　　　　　　　(b) 铸铝转子

图 2-7　铸铝转子结构

1—端环；2—风叶；3—铝条；4—转子铁芯

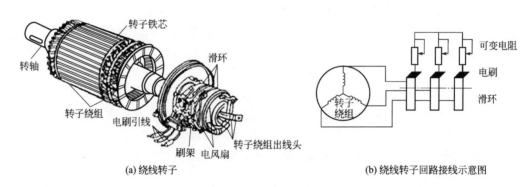

(a) 绕线转子　　　　　　　　　　(b) 绕线转子回路接线示意图

图 2-8　绕线型转子

速的情况下，将外部电阻全部短接。

③ 转轴：一般用强度和刚度较高的低碳钢制成，其作用是支撑转子和传递转矩。整个转子靠轴承和端盖支撑着，端盖一般用铸铁或钢板制成，它是电动机外壳机座的一部分。

3. 气隙

在电动机定子和转子之间留有均匀的气隙，气隙的大小对异步电动机的参数和运行性能影响很大。为了降低电动机的励磁电流和提高功率因数，气隙应尽可能做得小些，但气隙过小，将使装配困难或运行不可靠，因此气隙大小除了考虑电性能外，还要考虑便于安装。气隙的最小值常由制造加工工艺和安全运行等因素来决定，异步电动机气隙一般为 0.2～2mm 左右，比直流电动机和同步电动机的定、转子气隙小得多。

(二) 三相异步电动机的铭牌

每台电动机的铭牌上都标注了电动机的型号、额定值和额定运行情况下的有关技术数据。电动机按铭牌上所规定的额定值和工作条件运行时，称为额定运行。Y112M-2 型三相异步电动机的铭牌如图 2-9 所示。

三相异步电动机		
型号 Y112M-2	功率 4kW	频率 50Hz
电压 380V	电流 8.2A	接法 △
转速 2890r/min	绝缘等级 B	工作方式　连续
××年××月	编号 ××××	××电机厂

图 2-9　Y112M-2 型三相异步电动机的铭牌

（1）型号

型号是表示电动机的类型、结构、规格和性能的代号。Y系列异步电动机的型号由4部分组成，如图2-10所示。

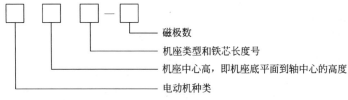

磁极数
机座类型和铁芯长度号
机座中心高，即机座底平面到轴中心的高度
电动机种类

图2-10　Y系列异步电动机的型号

如型号为Y100L2-4的电动机：Y表示笼型异步电动机；100表示机座中心高为100mm；L2表示长机座（而M表示中机座，S表示短机座），铁芯长度号为2；4表示磁极数为四极。

（2）额定值

额定值规定了电动机正常运行的状态和条件，它是选用、安装和维修电动机的依据。

异步电动机铭牌上标注的额定值主要有以下几种。

① 额定功率 P_N：指电动机额定运行时轴上输出的机械功率，单位为kW。

② 额定电压 U_N：指电动机额定运行时加在定子绕组出线端的线电压，单位为V。

③ 额定电流 I_N：指定子加额定电压，轴端输出额定功率时的定子线电流，单位为A。

④ 额定频率 f_N：指电动机所接交流电源的频率，我国电网的频率（工频）为50Hz。

⑤ 额定转速 n_N：指额定运行时转子的转速，单位为r/min。

（3）接线

接线是指在额定电压下运行时，电动机定子三相绕组的接线方式有星形连接和三角形连接。若铭牌写△，额定电压写380V，表明电动机额定电压为380V时应接△形。若电压写成380V/220V，接法写Y/△，表明电源线电压为380V时应接成Y形，电源电压为220V时应接成△形。

（4）绝缘等级和电动机温升

绝缘等级是指绝缘材料的耐热等级，通常分为七个等级，见表2-1。电动机温升是指电动机工作时电动机温度超过环境温度的最大允许值。电动机工作的环境温度一般规定为40℃（以前是35℃），若电动机铭牌中标明为A级绝缘，温升为65℃，则电动机的最高允许温度为65℃＋40℃＝105℃。在电动机中耐热最差的是绝缘材料，故电动机的最高允许温度值取决于电动机所用的绝缘材料，各种等级的绝缘材料的最高允许温度如表2-1所示。

表2-1　三相异步电动机绝缘等级

绝缘等级	Y	A	E	B	F	H	C
最高工作温度/℃	90	105	120	130	155	180	＞180

（5）工作方式

异步电动机的工作方式共有三种：

① 连续工作方式S1。在额定状态下可以连续工作而温升没有超过最大值。

② 短时间工作方式S2。短时间工作，长时间停用。

③ 断续工作方式S3。开机、停机频繁，工作时间很短，停机时间也不长。

（6）防护等级

国际防护等级用"IP"表示，其后的数字表示电动机外壳的防护等级，其后的第一个数字代表防尘等级，共分 0～6 七个等级，其后的第二个数字代表防水等级，共分 0～8 九个等级，数字越大，表示防护的能力越强。

三、任务实施

（一）任务实施内容

小型交流异步电动机的拆装。

（二）任务实施要求

（1）掌握小型交流异步电动机的拆卸及安装的方法。

（2）撰写安装与测试报告。

（三）任务所需设备

（1）小型交流异步电动机	1 台
（2）兆欧表	1 块
（3）万用表	1 块
（4）电工工具	1 套

（含顶拔器、活扳手、榔头、螺丝刀、紫铜棒、钢套筒、毛刷、钳子）

（四）任务实施步骤

1. 拆卸

拆装之前，首先要选择合适的现场，并对拆卸现场进行必要的清理，熟悉待拆电动机的结构及故障情况。为便于修复后的装配，要在电动机的相关位置做好如下标记：

① 标出电源线在接线盒中的相序；

② 标出联轴器或皮带轮在轴上的位置；

③ 标出端盖的负荷端和非负荷端；

④ 标出机座在基础上的位置。

三相异步电动机的拆卸顺序为：切断电源→拆除电动机与电源的连接线并做好电源线头的绝缘处理→拆除地脚螺栓等电动机与设备的机械连接→拆卸带轮或联轴器→拆卸前轴承外盖和前端盖→拆卸风扇或风罩→拆卸后轴承外盖和后端盖→抽出或吊出转子。三相异步电动机的拆卸过程如图 2-11 所示。

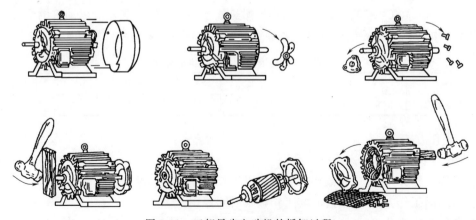

图 2-11　三相异步电动机的拆卸过程

拆卸过程中，观察定子绕组的连接形式，前后端部的形状，引线连接形式以及绝缘材料的放置等，并将相关数据记录到任务单中。

拆卸过程中，要保留一只完整的线圈，测量其周长和直径并连同铭牌数据及槽数、线径等相关数据记录到任务单中。

2. 装配

装配异步电动机的步骤与拆卸时相反。在装配时要注意拆卸时做的标记，尽量按原记号复位。

3. 检测

（1）机械检查。检查机械部分的装配质量，紧固螺钉是否拧紧，用手转动主轴，转子转动是否灵活，有无扫膛、松动现象，轴承是否有杂声等。

（2）电气性能检查。检测三相的直流电阻是否平衡，测量绕组的绝缘电阻。检测三相绕组每相对地的绝缘电阻和相间绝缘电阻，将测量数据记录到任务单中。要求测量阻值不得小于 $0.5M\Omega$。按铭牌要求接好电源线，在机壳上接好保护接地线，接通电源，用钳形电流表检测三相空载电流，看是否符合允许值。检查电动机温升是否正常，运转中有无异响。

小型异步电动机拆装任务单

班级：_____ 组别：_____ 学号：_____ 姓名：_____ 操作日期：_____

拆装前准备		
序号	准备内容	准备情况自查
1	知识准备	交流电动机结构是否熟悉　　　　是□　否□ 电动机拆装方法是否熟悉　　　　是□　否□
2	材料准备	电动工具是否齐全　　　　　　　是□　否□ 兆欧表是否完好　　　　　　　　是□　否□ 万用表是否完好　　　　　　　　是□　否□ 钳形电流表是否完好　　　　　　是□　否□
拆装过程记录		
步骤	内容	数据记录
1	抄录待拆装电动机铭牌数据	型号： 额定电压：　　　　　　　　额定电流： 额定转速：　　　　　　　　额定功率： 绕组连接：　　　　　　　　绝缘等级：
2	拆装前的准备	(1)拆卸地点： (2)拆卸前做记号： ①联轴器与皮带轮与轴台的距离_____mm ②端盖或机座间做记号于_____地方 ③前后轴承记号的形状_____ ④机座在基础上的记号_____
3	拆卸顺序	(1)_____　　(2)_____ (3)_____　　(4)_____ (5)_____　　(6)_____ (7)_____　　(8)_____

续表

拆装过程记录		

步骤	内容	数据记录		
4	检测数据	(1)绕组数据	导线规格： 并绕根数： 节距：	每槽匝数： 并联支路数： 绕组形式：
		(2)定子铁芯	外径： 总长度： 槽深：	内径： 总槽数：
		(3)绝缘材料	端部绝缘： 槽绝缘： 绝缘厚度： 槽楔尺寸：	
5	装配顺序	(1)_____ (2)_____ (3)_____ (4)_____ (5)_____ (6)_____ (7)_____ (8)_____		
6	检测电阻值	(1)UV 之间： (2)VW 之间： (3)WU 之间： (4)U 对壳： (5)V 对壳： (6)W 对壳：		
7	收尾	电机正确装配完毕□ 仪表挡位回位□ 垃圾清理干净□ 凳子放回原处□ 台面清理干净□		
验收				
优秀□ 良好□ 中□ 及格□ 不及格□ 教师签字： 日期：				

任务实施标准

序号	内容	配分	评分细则	得分
1	交流电动机的拆装	70 分	(1)端盖处不做标记,每处扣 5 分 (2)抽转子时碰伤定子绝缘,每处扣 10 分 (3)损坏部件,每次扣 5 分 (4)拆卸步骤、方法不正确,每次扣 5 分 (5)装配前未清理电动机内部,扣 5 分 (6)不按标记装端盖,扣 5 分 (7)碰伤定子绝缘,扣 5 分 (8)装配后转子转动不灵活,扣 10 分 (9)紧固件未拧紧,每处扣 5 分	
2	安全操作	30 分	(1)不遵守实训室规章制度,扣 10 分 (2)操作过程中人为损坏元器件,每个扣 5 分 (3)未经允许擅自通电,扣 10 分	
总评：				

四、知识拓展——三相异步电动机的主要系列简介

我国生产的异步电动机主要产品系列有以下几种。

1. Y 系列

是一般用途的小型笼型全封闭自冷式三相异步电动机，额定电压为 380V，额定频率为 50Hz，功率范围为 0.55～315kW，同步转速为 600～3000r/min，外壳防护形式有 IP44 和 IP23 两种。该系列异步电动机主要用于金属切削机床、通用机械、矿山机械和农业机械等，也可用于拖动静止负载或惯性负载较大的机械，如压缩机、传送带、磨床、锤击机、粉碎机、小型起重机、运输机械等。

2. YR 系列

为三相绕线转子异步电动机。该系列异步电动机用在电源容量小，不能用于同容量笼型异步电动机启动的生产机械上。

3. YD 系列

为变极多速三相异步电动机。

4. YQ 系列

为高启动转矩异步电动机。该系列异步电动机用在启动静止负载或惯性负载较大的机械上，如压缩机、粉碎机等。

5. YZ 和 YZR 系列

为起重和冶金用三相异步电动机，YZ 是笼型异步电动机，YZR 是绕线转子异步电动机。

6. YB 系列

为防爆式笼型异步电动机。

7. YCT 系列

为电磁调速异步电动机。该系列异步电动机主要用于纺织、印染、化工、造纸、船舶及要求变速的机械上。

近几年，我国又相继开发了 Y2 和 Y3 系列异步电动机。Y2 系列电动机是 Y 系列的升级换代产品，是采用新技术开发出的新系列。具有噪声低、效率和转矩高、启动性能好、结构紧凑、使用维修方便等特点。电动机采用 F、B 级绝缘。能广泛应用于机床、风机、泵类、压缩机和交通运输、农业、食品加工等各类机械传动设备。Y3 系列电动机是 Y2 系列电动机的更新换代产品，它与 Y、Y2 系列相比具有以下特点：采用冷轧硅钢片作为导磁材料；用铜用铁量略低于 Y2 系列；噪声限值比 Y2 系列低。

任务 2　分析三相异步电动机的工作原理

一、任务描述与目标

将一个完好的三相异步电动机的三相定子绕组接于三相电源上，三相电动机便开始转动，若任意调换三相定子绕组与三相电源的连接线头中的两相便可改变三相电动机的转动方向。本任务将对此现象作出分析。

本次任务的学习目标是：

（1）知道影响旋转磁场转速与转向的因素。

（2）能够自述三相异步电动机的工作原理。

（3）了解三相异步电动机的三种运行状态。

二、相关知识

(一) 旋转磁场的形成

三相异步电动机的工作原理是将三相交流电通入定子绕组产生旋转磁场，从而推动转子转动。现以两极异步电动机为例，说明定子三相绕组通入对称三相电流产生磁场的情况。为方便起见，把三相定子绕组简化成由 U_1U_2、V_1V_2、W_1W_2 三个线圈组成，它们在空间上彼此相隔 120°。定子绕组的嵌放情况与星形连接如图 2-12(a)、(b) 所示。当定子绕组的 3 个首端 U_1、V_1、W_1 与三相交流电源接通时，定子绕组中便有对称的三相交流电流 i_U、i_V、i_W 流过。设三相交流电流分别为

$$i_U = I_m \sin\omega t, \quad i_V = I_m \sin(\omega t - 120°), \quad i_W = I_m \sin(\omega t + 120°)$$

则三相绕组电流的波形如图 2-12(c) 所示。由于三相交流电的大小和方向随着时间的变化在不停地变化，为此做出以下假定：当电流从各绕组的首端流入，尾端流出时，电流的瞬时值为正；当电流从各绕组的尾端流入，首端流出时，电流为负值。电流流入端，在图中用"⊗"表示；电流流出端，在图中用"⊙"表示。下面按此规定以图 2-12(d) 为例，分析不同时刻各绕组中电流和磁场方向。

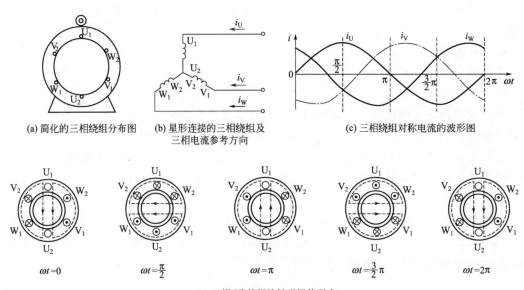

(a) 简化的三相绕组分布图　　(b) 星形连接的三相绕组及　　(c) 三相绕组对称电流的波形图
　　　　　　　　　　　　　　　 三相电流参考方向

　　　　　$\omega t = 0$　　　　　$\omega t = \dfrac{\pi}{2}$　　　　　$\omega t = \pi$　　　　　$\omega t = \dfrac{3}{2}\pi$　　　　　$\omega t = 2\pi$

(d) 三相(两)绕组旋转磁场的形成

图 2-12　两极旋转磁场的形成

① $\omega t = 0$ 时，$i_U = 0$，U 相绕组此时无电流；i_V 为负值，V 相绕组电流的实际方向与规定的参考方向相反，即电流从尾端 V_2 流入、首端 V_1 流出；i_W 为正值，W 相绕组电流的实际方向与规定的参考方向一致，即电流从首端 W_1 流入、尾端 W_2 流出。根据右手定则可以确定在 $\omega t = 0$ 时刻的合成磁场方向。这时的合成磁场是一对磁极，磁场方向与纵轴线方向一致，上边是 N 极，下边是 S 极。

② $\omega t = \pi/2$ 时，i_U 由 0 变为正最大值，电流从首端 U_1 流入、尾端 U_2 流出；V 相绕组电流的实际方向与规定的参考方向相反，即电流从尾端 V_2 流入、首端 V_1 流出；i_W 变为负值，电流从尾端 W_2 流入、首端 W_1 流出。根据右手定则可以确定此时的合成磁场方向与横轴轴线方向一致，左边是 N 极，右边是 S 极。可见磁场方向和 $\omega t = 0$ 时比较，已按顺时针

方向转过 90°。

③ 应用同样的分析方法，可画出 $\omega t = \pi$，$\omega t = 3\pi/2$，$\omega t = 2\pi$ 时的合成磁场。由合成磁场的轴线在不同时刻的位置可见，磁场逐步按顺时针方向旋转，当正弦交流电变化一周时，合成磁场中的每一个磁极在空间也正好旋转一周。由此可见，将对称三相电流 i_U、i_V、i_W 分别通入对称三相绕组 U_1U_2、V_1V_2、W_1W_2 后，形成的合成磁场是一个旋转磁场。

(二) 旋转磁场的转速与转向

1. 旋转磁场的转速

从两极异步电动机分析旋转磁场发现，三相正弦交流电变化一个周期，旋转磁场中的每一个磁极转动一周，若分析四极异步电动机的旋转磁场，则会发现，三相正弦交流电变化一个周期，旋转磁场中每一个磁极转动半周，所以旋转磁场的转速与交流电流的频率及三相绕组的磁极数有关。旋转磁场的转速公式为：

$$n_1 = \frac{60f}{p} \tag{2-1}$$

式中，n_1 为旋转磁场的转速，单位是 r/min；f 为三相交流电源的频率，单位是 Hz；p 为旋转磁场的磁极对数，磁极数是 $2p$。

旋转磁场的转速也被称为同步转速。

2. 旋转磁场的转向

在图 2-12(b) 中，将电动机的 U 相绕组接电源电流 i_U，将 V 相绕组接 i_V，将 W 相绕组接 i_W，形成旋转磁场的转动方向为 U→V→W [见图 2-12(d)]。从图 2-12(c) 中可以看出，三相电源电流出现最大值的顺序是 U→V→W，即 i_U 超前 i_V120°，i_V 超前 i_W120°，旋转磁场的转向正好与此顺序相同，也就是旋转磁场由电流超前相转向电流滞后相。

若将电动机的任意两相绕组与电源电流连接的相序改变，如将 U 相绕组接电流 i_W，将 W 相绕组接 i_U，则形成旋转磁场的转向随即改为 W→V→U，此现象可自行用图解法分析。

可见，旋转磁场的转向取决于通入定子绕组中三相交流电的相序，旋转磁场总是由电流超前相转向电流滞后相。只要任意调换电动机两相绕组所接交流电源的相序，即可改变旋转磁场的转向。

三、任务实施——三相异步电动机的工作原理

(一) 工作原理

三相异步电动机的定子绕组接上三相交流电源之后便可产生旋转磁场，由于接通瞬间转子还处于静止状态，故静止的转子与旋转磁场之间便有了相对运动，此相对运动可认为旋转磁场不动而转子导体以与旋转磁场转动方向相反的方向转动，转子导体切割旋转磁场磁力线产生感应电动势，感应电动势的方向可用右手定则来确定，如图 2-13 所示。由于转子导体是闭合回路，因此，在感应电动势作用下，转子绕组中形成感应电流，感应出电流的转子导体在旋转磁场中会受到电磁力 F 的作用，力 F 的方向可由左手定则来确定。图 2-13 中，转子上半部分导体受到的电磁力方向向右，下半部分导体受到的电磁力方向向左，这对电磁力对转子轴形成与旋转磁场方向一致的电磁转矩，此电磁转矩拖动转子顺着旋转磁场方向转动起来。

从图 2-13 可以看出，电动机与旋转磁场的转向同为顺时针方向。通过分析可知，如果任意调换电动机的两根电源线改变电流相序使旋转磁场的转向改为逆时针方向，那么转子的

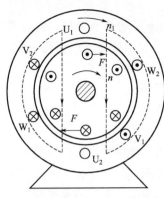

图 2-13 异步电动机工作原理

转动方向也将随之改变为逆时针方向。因此，电动机的转动方向与旋转磁场的转向相同，那么改变电动转向的方法即为任意调换电动机的两根电源线。

（二）转差率

转子转动的转速 n 与定子绕组产生旋转磁场的同步转速方向一致，但在数值上，转子的转速要低于 n_1。如果 $n = n_1$，转子绕组与定子磁场便无相对运动，转子绕组中便无感应电动势和感应电流产生，可见 $n < n_1$ 是异步电动机工作的必要条件。由于电动机转速 n 与旋转磁场转速 n_1 不同步，故称为异步电动机。又因为异步电动机转子电流是通过电磁感应产生的，所以又称为感应电动机。

异步电动机转子与旋转磁场之间的相对运动速度的百分率称为转差率，用式（2-2）表示：

$$s = \frac{n_1 - n}{n_1} \times 100\% \tag{2-2}$$

式中，s 为转差率；n_1 为旋转磁场的同步转速，n 为转子转动的转速，单位都是 r/min。转差率 s 是异步电动机的重要参数，异步电动机的转速在 $0 \sim n_1$ 之间变化时，其转差率 s 在 $0 \sim 1$ 之间变化，电动机启动瞬间（转子尚未转动）时，$n = 0$，$s = 1$；若电动机空载运行，转速 n 很高，$n \approx n_1$，$s \approx 0$。

三相异步电动机大多数为中小型电动机，其转差率不大，在额定负载时，$s = (2 \sim 6)\%$，实际上可以认为它们属于恒转速电动机。

（三）三相异步电动机的运行状态

根据转差率的大小和正负不同，异步电动机有三种运行状态：

1. 电动机运行状态

当定子绕组接至电源，转子就会在电磁转矩的驱动下旋转，电磁转矩即为驱动转矩，其转向与旋转磁场方向相同，如图 2-14（b）所示。此时电机从电网取得电功率转变成机械功率，由转轴传输给负载。电动机的转速范围为 $n_1 > n > 0$，其转差率范围为 $0 < s \leqslant 1$。

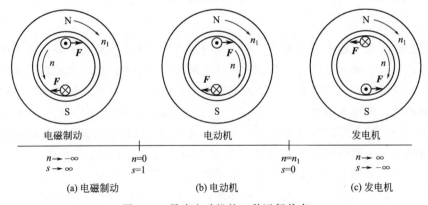

图 2-14 异步电动机的三种运行状态

2. 发电机运行状态

异步电机定子绕组仍接至电源，该电机的转轴不再接机械负载，而用一台原动机拖动异

步电机的转子以 $n>n_1$ 的速度旋转，如图 2-14(c) 所示。显然，此时电磁转矩方向与转子转向相反，起着制动作用，为制动转矩。为克服电磁转矩的制动作用而使转子继续旋转，并保持 $n>n_1$，电机必须不断从原动机吸收机械功率，把机械功率转变为输出的电功率，因此成为发电机运行状态。此 $n>n_1$，则转差率 $s<0$。

3. 电磁制动运行状态

异步电机定子绕组仍接至电源，如果用外力拖着电机逆着旋转磁场的旋转方向转动。此时电磁转矩与电机旋转方向相反，起制动作用。电机定子仍从电网吸收电功率，同时转子从外力吸收机械功率，这两部分功率都在电机内部以损耗的方式转化成热能消耗掉。这种运行状态称为电磁制动运行状态，如图 2-14(a) 所示。此种情况下，n 为负值，即 $n<0$，转差率 $s>1$。

这三种运行状态下转差率 s 的大小分别是：

① 当 $0<s\leqslant1$ 为电动机运行状态；

② 当 $s<0$ 为发电机运行状态；

③ 当 $s>1$ 为电磁制动运行状态。

综上所述，异步电机可以作电动机运行，也可以作发电机运行和电磁制动运行，但一般作电动机运行。异步发电机很少使用，电磁制动是异步电机在完成某一生产过程中出现的短时运行状态。例如，起重机下放重物时，为了安全、平稳，需限制下放速度时，就使异步电动机短时处于电磁制动状态。

分析三相异步电动机工作原理任务单

班级：_____ 组别：_____ 学号：_____ 姓名：_____ 操作日期：_____

任务准备			
序号	准备内容	准备情况自查	
1	知识准备	是否了解旋转磁场的形成 是□ 否□ 是否了解影响旋转磁场转速与转向的因素 是□ 否□ 是否掌握电磁感应定律和电磁力定律 是□ 否□	
2	材料准备	无	
任务分析结果			
步骤	内容	记录	
1	三相异步电动机的工作原理	（自述）：	
2	收尾	是否属于自述	
验收			
优秀□ 良好□ 中□ 及格□ 不及格□ 教师签字： 日期：			

四、知识拓展——三相异步电机的机械特性

三相异步电动机的机械特性是指电动机的转速 n 与电磁转矩 T_{em} 之间的关系，即 $n=f(T_{em})$。因为异步电动机的转速 n 与转差率 s 之间存在一定的关系，所以异步电动机的机械特性通常也用 $T_{em}=f(s)$ 的形式表示。

（一）固有机械特性

三相异步电动机的固有机械特性是指电动机在额定电压和额定功率下，按规定的接线方式接线，定子和转子电路不外接电阻或电抗时的机械特性。电动机处于运行状态时的固有机械特性如图 2-15 所示。

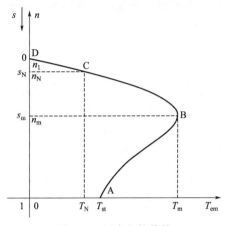

图 2-15 固有机械特性

启动点 A：启动瞬间，$n=0$，$s=1$，$T_{em}=T_{st}$，$I_{st}=(4\sim7)I_N$，电动机的启动状态又被称为堵转状态。

最大转矩点 B：$s=s_m$，$T_{em}=T_m$。B 点是机械特性曲线中的线性段（D—B）与非线性段（B—A）的分界点，通常情况下，电动机在线性段上（$0<s<s_m$）工作是稳定的，而在非线性段上工作是不稳定的，所以 B 点是电动机稳定运行的临界点，s_m 因此也叫做临界转差率。如电动机的线性段斜率较小，电动机拖动负载运行时转速下降就较少，则称电动机的机械特性为硬特性，若线性段的斜率较大，拖动负载时电动机的转速下降就较多，则称电动机的机械特性为软特性。

额定运行点 C：$n=n_N$，$s=s_N$，$T_{em}=T_N$，额定运行时转差率很小，此时电动机的额定转速略小于同步转速，这说明固有特性的线性段为硬特性。

同步转速 D 是电动机的理想空载点，此时，$n=n_1$，$s=0$，$T_{em}=0$，如果没有外界转矩的作用，异步电动机本身不可能达到同步转速点。

（二）人为机械特性

三相异步电动机的人为机械特性是指人为地改变电源参数或电动机参数而得到的机械特性。对于三相异步电动机，可改变的电源参数有电压 U_1 和频率 f_1，可改变的电动机参数有极对数 p、定子电路参数 R_1 和 X_1、转子电路参数 R_2' 和 X_2' 等，所以三相异步电动机的人为机械特性种类很多，这里只介绍常见的两种人为机械特性。

1. 降低定子电压时的人为机械特性

当定子电压 U_1 降低时，T_{em}（包括 T_{st} 和 T_m）与 U_1^2 成正比减小，s_m、n_1 与 U_1 无关而保持不变，由此可得 U_1 下降后的人为机械特性如图 2-16 所示。图中，降低电压后的人为机械特性的线性段斜率变大，电动机特性变软；T_{st} 和 T_m 均按 U_1^2 减小。如果电动机在额定负载下运行，U_1 降低将导致 n 下降，s 增大，转子电动势 $E_{2s}=sE_2$ 增大，转子电流增大，从而引起定子电流增大，导致电动机过载。电动机长期欠

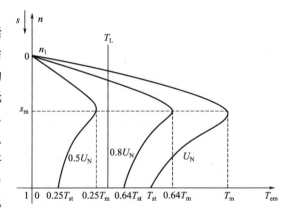

图 2-16 降低 U_1 后的人为机械特性

电压过载运行必然会发热，这将影响电动机的使用寿命。此外，若电压下降过多，可能会出现最大转矩小于负载转矩，电动机停转。

2. 转子回路串接对称电阻时的人为机械特性

图 2-17(a) 所示是在绕线式异步电动机的三相转子回路中串接的三相对称电阻 R_S，转

子回路串接电阻后，n_1、T_m不变，而s_m则随外接电阻R_S的增大而增大。其人为机械特性如图2-17(b)所示。在一定范围内增加转子电阻，可以增大电动机的启动转矩。当所串接的电阻（图中R_{S3}）使$s_m=1$时，对应的启动转矩达到最大转矩，如果此时再增加转子电阻，启动转矩反而会减小。此外，转子回路串接电阻后，电动机机械特性线性段的斜率增大，特性变软。

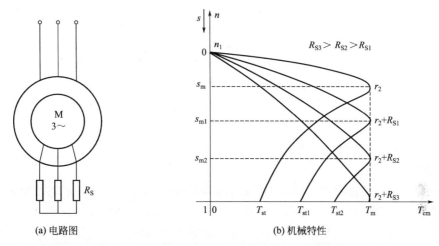

图 2-17　转子回路串接对称电阻时的人为机械特性

任务 3　笼型三相异步电动机定子绕组嵌线

一、任务描述与目标

定子绕组是三相异步电动机直接与电源相连从而产生旋转磁场的重要组成部分，在工作中极易被烧坏。若定子绕组被烧坏，可以将其拆下，换上新绕组。在电动机的定子铁芯中放入定子绕组的过程称为电动机定子绕组的嵌线。

本任务的学习目标是：

（1）了解与三相异步电机定子绕组相关的基本概念。

（2）熟悉三相异步电机定子绕组的连接方式。

（3）掌握三相异步电机单层定子绕组的绕制方法。

（4）会对小型三相异步电机进行手工嵌线。

二、相关知识

（一）基本概念

1. 线圈

线圈由绝缘导线绕制而成，可由一匝或多匝组成，如图2-18所示线圈嵌入定子铁芯槽内，按一定规律连接便成为绕组，故线圈是交流绕组的基本单元，又称为元件。

2. 极距 τ

两个相邻磁极的中心线之间沿定子铁芯内表面所跨过的距离称为极距τ，极距一般用每个极面下所占的槽数表示。

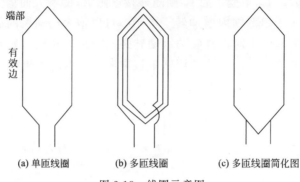

(a) 单匝线圈   (b) 多匝线圈   (c) 多匝线圈简化图

图 2-18　线圈示意图

$$\tau = \frac{Z}{2p}$$

式中，Z 为定子总槽数；p 为磁极对数。

3. 线圈节距 y

一个线圈的两有效边在定子圆周上所跨过的距离称为节距。节距一般用槽数表示。节距 y 应等于或接近于极距 τ，在此基础上，若 $y > \tau$，对应的定子绕组称为长距绕组；若 $y = \tau$，对应的定子绕组称为整距绕组；若 $y < \tau$，对应的定子绕组称为短距绕组。一般在定子绕组下线时，为节省材料多采用短距绕组。

4. 机械角度与电角度

电动机定子圆周所对应的几何角度为 $360°$，该几何角度被称为机械角度。从电磁观点看，转子导体每转过一对磁极所产生的感应电动势就变化一个周期，即 $360°$ 电角度，故一对磁极的电角度为 $360°$。若电动机有 p 对磁极，转子导体转过一个定子圆周（$360°$ 机械角度）所产生的感应电动势就变化 p 个周期，电角度为 $p \times 360°$。因此：电角度＝$p \times$ 机械角度。

5. 槽距角 α

相邻两槽之间的电角度称为槽距角，用 α 表示。

$$\alpha = \frac{p \times 360°}{Z}$$

6. 每极每相槽数 q

每一个极面下每相所占的槽数为每极每相槽数。

$$q = \frac{Z}{2pm}$$

式中，m 为绕组相数。

7. 相带

每个磁极下的每相绕组（即 q 个槽）所占的电角度为相带。因为每个磁极所占电角度为 $180°$，若电机定子绕组为三相绕组，则相带为 $60°$，即在一个磁极下一相绕组占电角度为 $60°$，称为 $60°$ 相带。

8. 极相组

将一个相带内的 q 个线圈串联起来就构成一个极相组，也称为线圈组。

（二）交流电动机绕组的分布原则和分类

三相电动机应有三相对称绕组，因电源的原因，此三相对称绕组在空间上应均匀分布且互差120°电角度。接通电源后，相邻磁极下导体的感应电动势方向相反，所以交流电动机绕组的排列应遵循以下原则：

（1）每相绕组所占槽数要相等，且均匀分布。把定子总槽数 Z 分为 $2p$ 等分，每一等分表示一个极距 $Z/2p$；再将每一个极距内的槽数按相数分成3组，每一组所占槽数即为每极每相槽数。

（2）根据节距的概念，节距应等于或接近于极距，所以沿一对磁极对应的定子内圆相带的排列顺序为 U_1、W_2、V_1、U_2、W_1、V_2，这样每一个相带所占电角度为60°，即60°相带，而各相绕组线圈所在的相带的中心线正好为120°电角度。图2-19所示分别为2极24槽和4极24槽的三相绕组绕组分布图。

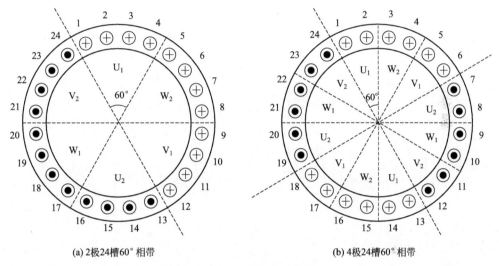

图2-19　三相绕组分布端面图

（3）规定 U_1、V_1、W_1 为绕组的首端，U_2、V_2、W_2 为绕组的尾端，且当电流从首端流入，尾端流出时为正，从尾端流入，首端流出时为负。这样从正弦交流电波形图的角度看，除电流为零值外的任何瞬时，都是一相为正、两相为负，或两相为正、一相为负。图2-19中画出的绕组分布即为U、V两相为正，W相为负的电流方向。

（4）把属于各相的导体顺着电流方向连接起来，便得到三相对称绕组。

三相交流电动机的绕组按槽内导体的层数可分为单层绕组和双层绕组。小型异步电动机一般采用单层绕组，而大中型异步电动机一般采用双层绕组。

下面主要介绍三相单层绕组的几种常见连接形式。

（三）三相单层绕组

单层绕组的每个槽内只放一个线圈边，电动机的线圈数等于电动机槽数的一半。单层绕组分为链式绕组、交叉式绕组和同心式绕组。

1. 单层链式绕组

一台 Y90S-4 型三相异步电动机，定子槽数 $Z=24$，$2p=4$，画出单层链式绕组的展开图。

（1）计算极距 τ、每极每相槽数 q 和槽距角 α。

$$\tau=\frac{Z}{2p}=\frac{24}{4}=6$$

$$q=\frac{Z}{2mp}=\frac{24}{2\times3\times2}=2$$

$$\alpha=\frac{p\times360°}{Z}=\frac{2\times360°}{24}=30°$$

（2）分极分相

首先将定子槽用直线代替画出，依次标出槽号；其次将定子的全部槽数按极数分，每极所占槽数是6，磁极按S、N、S、N排列。然后将每极下的槽数分成U、V、W三相，要求 U_1、V_1、W_1 依次相差120°电角度，按60°相带的顺序排列。最后标出定子导体的电流方向，同一极性下导体的电流方向相同，如图2-20所示。

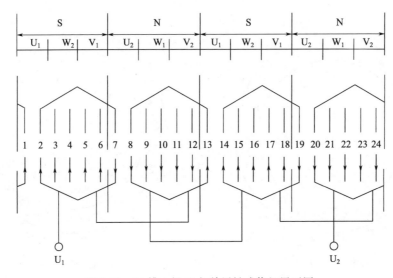

图2-20　24槽4极U相单层链式绕组展开图

（3）组成线圈

确定各相绕组的电源引出线，并顺着电流方向把同相线圈连接起来。

U_1 相带中任何一槽的线圈边与 U_2 相带中任何一槽的线圈边都可以组成一个线圈，但考虑采用短距绕组，$y=\tau-1=6-1=5$。按绕组节距要求把相邻异性磁极下的同一相槽中的线圈边连成线圈，所以 U_1 相带中槽中的线圈边与 U_2 相带中槽中的线圈边组成4个线圈：2～7、8～13、14～19、20～1。然后顺着电流方向把同相线圈连接起来便构成了U相绕组的展开图，如图2-20所示。从图中可以看出线圈的连接规律是：头接头，尾接尾。

同样将 V_1 相带槽中的线圈边与 V_2 相带槽中的线圈边组成4个线圈：6～11，12～17，18～23，24～5；W_1 相带槽中的线圈边与 W_2 相带槽中的线圈边组成4个线圈：10～15，16～21，22～3，4～9。

各相绕组的电源引出线 U_1、V_1、W_1 应依次相差120°电角度，由于相邻两槽间隔的电角度是30°，120°电角度则应间隔4槽，若U相引出线 U_1 在2号槽，V相引出线 V_1 就应在6号槽，W相引出线 W_1 就应在10号槽。然后将同相线圈顺着电流方向连接起来，便构成了三相绕组的展开图，如图2-21所示。链式绕组每个线圈的节距都是相等的，制造方便，连接线较短，主要用于 $q=2$ 的电动机中。

2. 单层同心式绕组

在图2-20中，若将组成线圈的方式改变一下便可得到24槽4极电机定子绕组的同心式

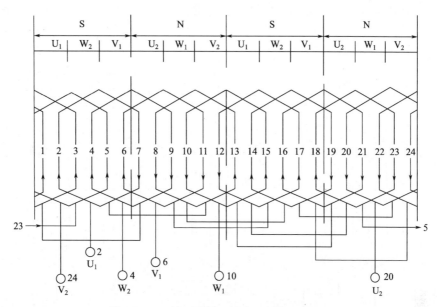

图 2-21 24 槽 4 极单层链式三相绕组展开图

连接。线圈的组成方式改变为：U 相带中 1～8、13～20 组成节距等于 7 的大线圈，2～7、14～19 组成节距等于 5 的小线圈，同心的大小线圈套在一起顺着电流的方向串联起来，构成一相绕组如图 2-22 所示，此种形式的绕组即为同心式绕组。同样将 V 相带中 5～12、17～24 组成大线圈，6～11、18～23 组成小线圈，W 相带中 9～16、21～4 组成大线圈，10～15、22～3 组成小线圈。

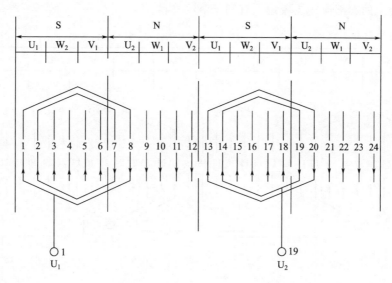

图 2-22 24 槽 4 极 U 相同心式绕组

由于电源的原因，各相绕组的电源引出线 U_1、V_1、W_1 依次相差 120°电角度。若将 U_1 定在 1 号槽，则 V_1 应在 5 号槽，W_1 应在 9 号槽，顺着电流方向将同相线圈连接起来便构成了三相同心式绕组的展开图，如图 2-23 所示。

由图 2-22 和图 2-23 可以看出同心式绕组的特点：在 q 个线圈中，线圈的节距不等，有大小之分，大线圈总是套在的外边，线圈的轴线重合，所以称为同心式。同心式绕组的端部连接线较长。

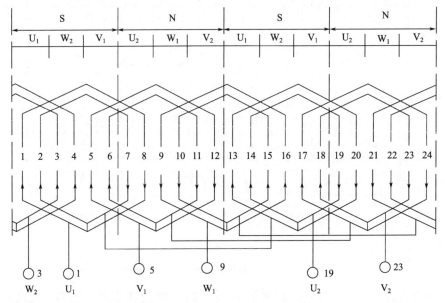

图 2-23 24 槽 4 极三相同心式绕组的展开图

3. 单层交叉式绕组

图 2-24 所示为 36 槽 4 极 U 相交叉式绕组，可以看出，它由大小线圈、单双线圈交叉连接，故称为交叉式绕组。交叉式绕组主要用于 $q>1$ 且为奇数（$q=3$）的 4 极或 2 极电动机中。交叉式绕组的端部连接线较短，有利于节约材料。

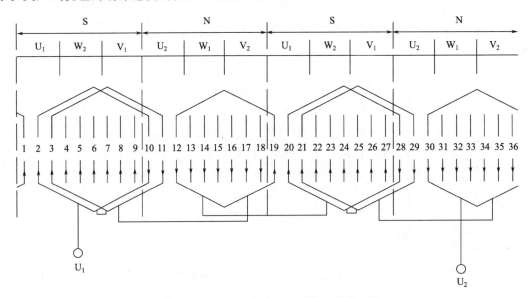

图 2-24 36 槽 4 极 U 相交叉式绕组的展开图

例：已知一台 Y2-132S-4 型三相异步电动机，$Z=36$，$2p=4$。画出三相交叉式绕组展开图。

① 计算极距 τ、每极每相槽数 q 和槽距角 α。

$$\tau = \frac{Z}{2p} = \frac{36}{4} = 9$$

$$q = \frac{Z}{2mp} = \frac{36}{2 \times 3 \times 2} = 3$$

$$\alpha = \frac{p \times 360°}{Z} = \frac{2 \times 360°}{36} = 20°$$

② 分极分相。

首先将定子槽用直线代替画出，依次标出槽号；其次将定子的全部槽数按极数分，每极所占槽数是 9，磁极按 S、N、S、N 排列。然后根据每极每相槽数分成 U、V、W 三相，要求 U_1、V_1、W_1 依次相差 120°电角度，按 60°相带的顺序排列。最后标出定子导体的电流方向，同一极性下导体的电流方向相同。如图 2-24 所示。

③ 组成线圈。

确定各相绕组的电源引出线，并顺着电流方向把同相线圈连接起来。

U_1 相带中任何一槽的线圈边与 U_2 相带中任何一槽的线圈边都可以组成一个线圈，但考虑采用短距绕组，节距应尽可能短，将 2~10 和 3~11、20~28 和 21~29 组成节距等于 8 的大线圈，并分别串联成一组双线圈，将 12~19、30~1 组成节距等于 7 的小线圈，将 U 相大小不等的线圈顺着电流放向链接起来，便得到 U 相绕组交叉式的展开图 2-24。

同样将 V_1 相带槽中的线圈边与 V_2 相带槽中的线圈边组成 4 组线圈：8~16、9~17 两个大线圈，串成一组线圈，18~25 组成一个小线圈，26~34、27~35 两个大线圈串成一组线圈，36~7 组成一个小线圈；W_1 相带槽中的线圈边与 W_2 相带槽中的线圈边组成 4 组线圈：14~22、15~23 两个大线圈，串成一组线圈，24~31 组成一个小线圈，32~4、33~5 两个大线圈串成一组线圈，6~13 组成一个小线圈。

各相绕组的电源引出线 U_1、V_1、W_1 依次相差 120°电角度。由于相邻两槽间隔的电角度是 20°，120°电角度则应间隔 6 槽，若将 U_1 定在 2 号槽，则 V_1 应在 8 号槽，W_1 应在 14 号槽，然后顺着电流方向将同相线圈连接起来便构成了三相交叉式绕组的展开图，如图 2-25

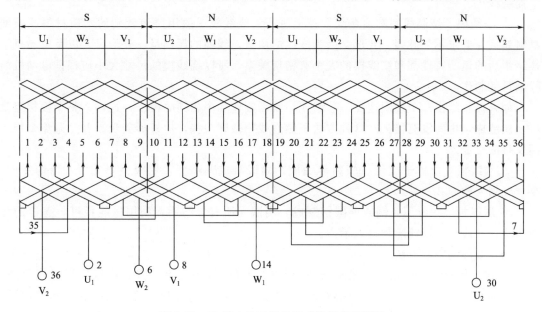

图 2-25　36 槽 4 极三相交叉式绕组的展开图

所示。

以上介绍三种单层绕组的连接形式。单层绕组的优点是不存在层间绝缘问题，不会在槽内发生层间或相间绝缘击穿，单层绕组的制造工艺比较简单，被广泛应用于 10kW 以下的电动机，它不宜用于大中型电动机。

三、任务实施——24 槽 4 极笼型三相异步电动机定子绕组嵌线

(一) 任务实施要求

(1) 会小型笼型三相异步电动机定子绕组的嵌线方法；

(2) 撰写定子绕组嵌线实训报告。

(二) 任务所需设备

(1) 24 槽交流电动机定子	1 台
(2) 兆欧表	1 块
(3) 万用表	1 块
(4) 绕线机	1 台
(5) 单层链式短距线圈绕线模	1 套
(6) 漆包线	若干
(7) 电工工具	1 套

(含剪刀、工具刀、橡皮锤、划线板、扳手、钳子)

(三) 任务实施步骤

1. 拆除旧绕组

拆除旧绕组的相关内容参见任务 1。

2. 线圈的绕制

(1) 绕线专用工具的介绍

① 绕线机　在工厂中绕制线圈需专用的大型绕线机，普通小型电动机的线圈可用小型手摇绕线机。

② 绕线模　绕制线圈必须在绕线模上进行。绕线模一般用质地较硬的木质材料或硬塑材料制成，要求不易破裂、变形。因为嵌线的质量，线圈的耗铜量、外形尺寸以及电动机重换绕组后的运行特性都和绕线模的大小有密切关系，所以绕线模的尺寸大小应根据电动机的线圈尺寸制作。

如果极相组由几个线圈连在一起组成，就需制作几个相同的模子，这样，整个极相组就可一次绕成，中间没有接头。这种方法虽然嵌线稍微麻烦些，但外形美观。并且避免个别线圈反接的可能。

③ 划线板　由竹子或硬质塑料等做成，划线端成鸭嘴型，划线板要光滑，厚薄适中，要求能划入槽内 2/3 处。

④ 压线板　一般用黄铜或低碳钢制成，当嵌完所有导线后，利用压线板可将蓬松的导线压实，并应使竹楔能顺利打入槽内。

(2) 线圈的绕制方法

① 绕线模尺寸的确定。在线圈嵌线过程中，有时线圈嵌不下去，或嵌完后难以整形；线圈端部凸出，盖不上端盖，即是勉强盖上也会使导线与线圈相触碰而发生接地短路故障。这些都是因为绕线模尺寸不合适造成的。

绕线模尺寸选得太小会造成嵌线困难，太大又会浪费导线，使导线难以整形且增加绕组电阻和端部漏抗，影响电动机的性能。因此，绕线模尺寸必须合适。选择绕线模的方法：在拆线时应保留一个完整的旧线圈，作为选用新线圈的尺寸依据，新线圈尺寸可以直接从旧线圈上测量得出，然后用一段导线按已确定的节距在定子上先测量一下，试做一个绕线模模型来确定绕线模尺寸，绕线模端部不要太长或太短，以方便嵌线为宜。

② 绕线注意事项

a. 新线圈所用导线的粗细、绕制匝数及导线截面积，都应按原线圈的数据选择。

b. 检查导线有无掉漆，如有，需涂绝缘漆，晾干后才可绕制。

c. 绕线前，将绕线模正确的安装在绕线机上，用螺钉拧紧，导线放在绕线架上，将线圈始端留出的线头缠在绕线模的小钉上。

d. 摇动手柄，从左向右开始绕线。绕线过程中，导线在绕线模中排列要整齐、均匀，不得交叉、打结，并随时注意导线的质量，如有导线损坏应及时修复。

e. 在绕线过程中若发生断线，可在绕完后再焊接接头，但必须把焊接点留在线圈的端部，不能留在槽内，这是因为在嵌线时槽内部分的导线要承受机械力，容易被损坏。

f. 将扎线放入绕线模的扎线口中，绕到规定匝数时，将线圈从绕线槽上取下，逐一清数线圈匝数，将多余的拆下，不够的补上，再用扎线扎好。然后按规定长度留出接线头，剪断导线，从绕线模上取下。

g. 采用连绕的方法可减少线圈间的接头。把几个同样的绕线模紧固在绕线机上，绕法同上，绕完一把用扎线扎好一把，直到全部完成。按次序把线圈从绕线模上取下，整齐地放在搁线架上，以免碰破导线绝缘层或把线圈弄脏、弄乱，影响线圈质量。

h. 绕线机长时间使用后，可能导致齿轮啮合不好，标度不准，因此一般不用于连绕；用于单把绕线时也应及时校正，绕后清数，确保匝数的准确性。

3. 绕组的嵌线

（1）嵌线的基本方法

① 绝缘材料的裁制。为了保证电动机的质量，新绕组的绝缘必须与原绕组的绝缘相同。小型电动机定子绕组的绝缘，一般用两层 0.12mm 厚的绝缘纸，中间隔一层玻璃（丝）漆布或黄蜡绸。绝缘纸外端部最好用双层，以增加绝缘强度。槽绝缘的宽度以放到槽口下角为宜，下线时另用引槽纸。为了方便，也可不用引槽纸，只需将绝缘纸每边高出铁芯内径25～30mm 即可。

线圈端部的相间绝缘可根据线圈节距的大小来裁制，应保持相间绝缘良好。

② 单层链式短距线圈的嵌线方法

嵌线时可参考定子绕组的展开图，若实际实训中不是 24 槽电机，也可参考 24 槽 4 极定子绕组展开图的绘制过程绘制出实际实训中电动机定子绕组的展开图。

a. 先将 U 相第一个线圈的一个有效边嵌放在槽 1 中，线圈的另一个有效边暂时不放入槽 20 中。为了防止嵌入槽内的线圈边和铁芯角相摩擦而破坏导线绝缘层，要在导线的下边垫上一层牛皮纸或绝缘纸。

b. 空一个槽（即 2 号槽）暂时不嵌线，将 W 相的第一个线圈的一个有效边放入槽 3 中。注意：此时，这个线圈的另一个有效边同样不嵌入槽 22 中，处理方法与步骤 a 相同。

c. 然后，拿第三个线圈，也是 V 相的第一个线圈，一个有效边放在槽 5 中，一个有效边放在槽 24 中，且这个线圈要压在槽 1 和槽 3 上面。从第三个线圈开始，每一个线圈嵌放时，都须将两个有效边同时放入槽中。

d. 接下来所有线圈的嵌入方法与第三个线圈相同，依次 U、W、V 类推。如第四个线圈，即 U 相的第二个线圈的两个有效边要同时嵌入槽 7 和槽 2 中，并且这个线圈要压着前面所有已嵌入的线圈。等到从第三个线圈开始的全部线圈的有效边都嵌入槽中后，方可将开始嵌线时留下的前两个线圈的另一个有效边分别放入槽 20 和槽 22 中。整个嵌线顺序为：1—3—5—24—7—2—9—4—11—6—13—8—15—10—17—12—19—14—21—16—23—18—20—22，其中 1、3、5、9、19、23 为带出线端，即三相绕组的三个首端和尾端，且要求这 6 根出线端要尽量靠近电动机的出线口。

根据以上步骤可总结出单层链式短距线圈嵌线的规律：首先拿两个线圈嵌放到定子铁芯中，这两个线圈中间要空一个槽，且每个线圈只能嵌入一个有效边。之后，按照槽数增加的方向依次嵌放剩余的线圈，要求后一个线圈与前一个线圈之间要空一个槽。从第三个线圈开始，每个线圈的两个有效边都要嵌入定子槽中，且后一个要压着前一个，第三个线圈也要压着第一个和第二个线圈。线圈两个有效边所跨的槽数要按照计算出的节距嵌放。当把从第三个线圈开始的所有线圈都嵌放完之后，再将第一个和第二个线圈剩下的有效边嵌入定子槽中。此规律嵌线时可不用记槽号，但最后要能分清楚三相绕组的 6 个首尾端。

注意：绕组嵌线过程中，要将每个线圈的引线留在定子铁芯的一边，便于接线；嵌线过程中，放在定子槽中的绝缘纸有可能错位，线圈嵌放完之后要及时调整，使铁芯两边绝缘纸的伸出量大致相同，以免造成线圈与定子铁芯之间的绝缘不够。

（2）嵌线的工艺要求

嵌线是电动机装配中的主要环节，必须按特定的工艺要求进行。

① 嵌线。嵌线前，应先把绕好线圈的引线理直，并套上黄蜡管，将引槽纸放入槽内，但绝缘纸要高出槽口 25～30mm，在槽外部分张开。为了增加槽口两端的绝缘和机械强度，绝缘纸两端伸出部分应折叠成双层，两端应伸出铁芯 10mm 左右。然后，将线圈的宽度稍微压缩，使其便于放入定子槽内。

嵌线时，最好在线圈上涂些蜡，这样有利于嵌线。然后，用手将导线的一边疏散开，用手指将导线捏成扁平状，从定子槽一端轻轻顺入绝缘纸中，再顺势将导线轻轻从槽口拉入槽内。在导线的另一边与铁芯之间垫一张牛皮纸或绝缘纸，防止线圈未嵌入的有效边与定子铁芯摩擦，划破导线绝缘层。若一次拉入有困难，可将槽外的导线理好放平，再用划线板把导线一根一根划入槽内。

嵌线时一定要细心。嵌好一个线圈后要检查一下，看其位置是否正确，然后再嵌下一个线圈。导线要放在绝缘纸内，若把导线放在绝缘纸和定子槽的中间，将会造成线圈接地或短路。注意：不能过于用力把线圈两端向下按，以免定子槽的槽口将导线绝缘层划破。

② 压导线。嵌完线圈，如槽内导线太满，可用压线板沿定子槽来回压几次，将导线压紧，以便能将竹楔顺利打入槽口，但一定注意不可猛撬。端部槽口转角处，往往容易凸起来，使线嵌不进去，可垫着竹板轻轻敲打至平整为止。

③ 封槽口。嵌完后，用剪子将高于槽口 5mm 以上的绝缘纸剪去。用划线板将留下的 5mm 绝缘纸分别向左或向右划入槽内。将竹楔插入槽口，压入绝缘纸，用锤子轻轻敲入。竹楔的长度要比定子槽长 7mm 左右，其厚度不能少于 3mm，宽度应根据定子槽的宽窄和嵌线后槽内的松紧程度来确定，以导线不发生松动为宜。

④ 端部相间绝缘。线圈端部、每个极相端部之间必须加垫绝缘物。根据绕组端部的形

状，可将端部绝缘纸剪成三角形等形状，高出端部导线约 5~8mm，插入两个相邻的绕组之间，下端与槽绝缘接触，把两相绕组完全隔开。双层绕组相间绝缘可采用两层绝缘纸中间夹一层 0.18mm 的绝缘漆布；单层绕组相间绝缘可用两层 0.18mm 的绝缘漆布或一层复合青壳纸。

⑤ 端部整形。为了不影响通风散热，同时又使转子容易装入定子内腔，必须对绕组端部进行整形，形成外大里小的喇叭口。整形方法：用手按压绕组端部的内侧或用橡皮锤敲打绕组，严禁损伤导线漆膜和绝缘材料，使绝缘性能下降，以致发生短路故障。

⑥ 包扎。端部整形后，用白布带对线圈进行统一包扎，因为定子虽然是静止不动的，但电动机在启动过程中，导线会受电磁力的作用。

（3）接线 接线分为内部接线和外部接线两部分。内部接线是嵌线完成后，把线圈的组与组连接起来，根据电动机的磁极数和绕组数，按照绕组的展开图把每相绕组顺次连接起来，组成一个完整的三相绕组线路；外部连线就是将三相绕组的 6 个接线端（3 个首端，3 个尾端）按星形或三角形连接到接线排上。端部接线时，须注意以下几点：

① 确定出线口，清理线圈接头，焊接接头前要留出一定的焊头长度，清除其绝缘层，并将导线头打磨干净，扭在一起。

② 用焊锡焊接是最普通和最简单的方法。焊接时应先将处理干净的待焊接导线接头涂上钎焊剂，及时将烧热的电烙铁放在被焊导线上进行预热，待钎焊剂沸腾冒烟时，迅速用焊锡丝接触烙铁头和导线头，使焊锡在钎焊剂的作用下自动流入焊接处。电烙铁要平稳离开，以免在接头处留下尖端。操作时，要严防焊液滴到绕组上，损坏绕组绝缘，造成匝间短路。电烙铁不能烧得过热，以免烙铁头急剧氧化而挂不上焊锡。对于小型电动机，使用 50W 以下的电烙铁即可。

（4）绕组的检查与测试 接线完成后，应仔细检查三相绕组的接线有无错误，绝缘有无损坏，线圈是否有接地、断路或短路等现象。

① 检查每相绕组是否接反。

② 检查三相绕组首尾端是否接反。

③ 检查相间及相地之间的绝缘情况。线圈嵌好后，要求绝缘良好。若绕组对地绝缘不良或相间绝缘不良，就会造成绝缘电阻过低而不合格。检查绕组对地绝缘和相间绝缘的方法是用兆欧表（绝缘电阻表）测量其绝缘电阻。

把兆欧表未标有接地符号的一端接到电动机绕组的引出线端，把标有接地符号的一端接到电动机的基座上，以 120r/min 的速度摇动兆欧表的手柄进行测量。测量时既可以分相测量，也可三相并在一起测量。测量相间绝缘电阻时，应把三相绕组的 6 个引出线的连接头全部拆开，用兆欧表分别测量每两相之间的绝缘电阻。

低压电动机可采用 500V 兆欧表，要求对地绝缘电阻和相间绝缘电阻均不小于 5MΩ。若低于此值，就必须经过干燥处理后方可进行耐压试验。

4. 试车

将电动机重新装配好，通电试车，看电动机是否可以正常工作。电动机的具体装配过程见任务 1。

四、知识拓展——电动机绕组的检测技能

电动机绕组的检测技能包括电动机绕组出线端的判断方法、测量电动机电阻值的方法和

调压器、万用表及电桥的使用方法。

在此技能的训练中需用到的设备器材有：小型三相异步电动机、单相调压器、直流双臂电桥（QJ26-1）、万用表、24V 指示灯、导线、白胶布若干及电工常用工具一套。

1. 判断电动机出线端的组别

方法一：导通法　万用表拨到电阻 R×1Ω 挡，一支表笔接电动机任一根出线，另一支表笔分别接其余出线，测得有阻值时两表笔所接的出线即是同一绕组。同样的方法可区分其余出线的组别。判断结束后做好标记。

方法二：电压表法　将小量程电压表一端接电动机任一根出线，另一端分别接其余出线，同时转动电动机轴，当表针摆动时，电压表所接的两根出线属于同一绕组。同样的方法可区分其余出线的组别。判断结束后做好标记。

用万用表的电压 1V 挡代替电压表也可以进行判断。但应注意，必须缓慢转动电动机轴，防止指针大幅度摆动、反打损坏表头。

2. 电动机首尾端判断方法

方法一：绕组串联指示灯法

按图 2-26 接线，具体操作步骤如下：

(1) 将调压器二次输出电压调到 36V 后断开一次侧电源，将电动机任一相绕组的两根出线接到调压器二次侧输出端子上。

(2) 将电动机其余两相绕组的出线各取一根短接好，另外两根出线接指示灯。

(3) 接通调压器一次侧电源后观察指示灯。若灯亮，表明短接的两根出线为电动机两相绕组的异名端（即一首一尾）；若灯不亮，表明短接的两根出线为两相绕组的同名端（即同为首端或同为尾端）。用同样的方法可判断另一相首尾端。

注意：接通电源前应仔细检查接线，防止短路事故。观察指示灯亮（或暗）后立即切断电源，避免电动机绕组和调压器绕组过热。

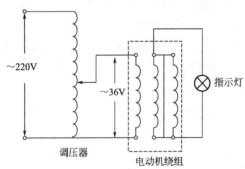

图 2-26　绕组串联指示灯法
判断绕组首尾端

方法二：绕组串联电压表法

按图 2-27 接线，此方法与指示灯法的区别是用交流电压代替指示灯。操作步骤与指示灯法相同，当电压表有显示时，接表的两根出线为电动机两相绕组的异名端。若无电压表，可用万用表的交流电压 50V 挡代替。

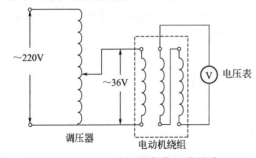

图 2-27　电压表法判断绕组首尾端

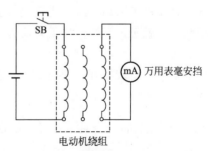

图 2-28　电流表法判断绕组首尾端

方法三：电流表法

按图 2-28 接线，具体操作步骤如下：

（1）将电动机任一绕组的两根出线通过一只常开按钮接到电池两端。

（2）将万用表拨到直流 0.5mA 挡，两支表笔接其余任意一相绕组的两出线。

（3）注意观察表头，按下按钮时，若表针正向摆动，表明电池正极和万用表黑表笔所接的出线为电动机两相绕组的同名端；若表针反向摆动，则表明电池正极与红表笔所接的出线为两相绕组的同名端。判断结束后做好标记。

方法四：万用表法

用万用表检查绕组的首尾端的接线如图 2-29 所示，用万用表的毫安挡测试。转动电动机转子，如表的指针不动，说明三相绕组是首首相连、尾尾相连。如指针摆动，可将任一相绕组引出线首尾位置调换后再试，直到表针不动为止。

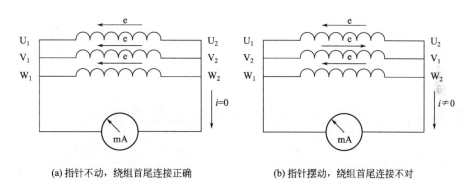

(a) 指针不动，绕组首尾连接正确   (b) 指针摆动，绕组首尾连接不对

图 2-29　万用表检查绕组的首尾端

3. 测量电动机绕组的电阻值

方法一：万用表法

用万用表的电阻挡测量电动机绕组的电阻值误差大。例如：7.5kW 电动机的一相绕组电阻值约为 1.2Ω，而万用表的电阻挡 R×1 挡最小刻度为 1Ω，所以测量结果的准确值为 1Ω，其余的 0.2Ω 为估计值。需要检查各绕组的电阻值差别时就不符合要求了。万用表测量功率为几十到几百瓦的小电动机绕组尚可，但也不很准确。测量前先进行万用表的机械调零，根据待测电动机的阻值选用适当的挡位后，再将两支表笔短接进行调零。如指针摆不到 0 位，应更换电池。

方法二：电桥法

用电桥测量电动机绕组的电阻可以得到准确的测量值。用 QJ26-1 型直流双臂电桥可以测量 1Ω 以下的电阻，相对误差仅±2%。具体操作步骤如下：

（1）验表。检查电桥的两组电源，如电池电压不足则应更换。按下检流计按钮 G，调节检流计上方的零位调节旋钮，使指针指零；然后打开 9V 电源开关 W，如指针偏离零位，则调节 W 使指针回零，松开按钮 G。

（2）接线。图 2-30 所示为从待测绕组的首端和尾端接线端子各引出两根连线（使用的导线应尽量粗些，截面 2.5mm² 以上，尽量短些，以能接入电桥为限）。两根导线不得铰接，应各自弯成圆环状，两导线圆环之间加一圆垫片，依次套入接线端子紧固牢靠，将两接线端子上下的两根连线分别接入电桥的电流端钮（C1、C2）和电位端钮（P1、P2）。

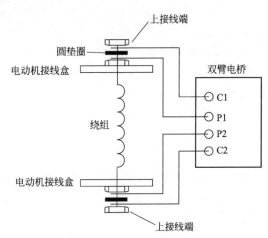

图 2-30 电桥法测量电动机绕组阻值

（3）根据万用表测得的绕组电阻值适当选择比较臂的电阻值、比率臂的比值。

（4）测量。按下电源按钮 B，稍后再按下检流计按钮 G，如检流计指针偏向"＋"方向，则增大比较臂阻值，反之则减小比较臂阻值，直到电桥平衡，即检流计指针指零。先松开 G，再松开 B，防止绕组感应电动势损坏检流计。

（5）读取比较臂阻值和比率臂的比值，按下式计算：

待测绕组的电阻值＝比率×比较臂阻值（两读数盘数值之和）

同样的方法可测得其余两相绕组的阻值。

并记录测量结果：第一相绕组阻值（　　）Ω，第二相绕组阻值（　　）Ω，第三相绕组阻值（　　）Ω。

任务 4　三相异步电动机全压启动线路的安装与检测

一、任务描述与目标

把电动机通过刀开关或接触器等低压电气元件直接接入电网，加上额定电压启动即为全压启动。一般来说，电动机的容量不大于直接供电变压器容量的 20%～30% 时，都可以全压启动。本任务主要介绍三相异步电动机全压启动控制线路的原理、安装、调试，培养学生的读图能力、故障处理能力以及实践操作技能，为今后从事控制线路的设计、安装和技术改造打下一定的基础。

本任务的学习目标是：

（1）熟悉三相异步电动机全压启动的控制线路图。

（2）认识常用的低压电器，并熟悉它们的功能及工作原理。

（3）学会读电气原理图，熟悉电气原理图的绘制规则。

（4）熟悉连接电动机控制线路的步骤及工艺要求。

（5）能在控制面板上合理布置低压电器。

（6）会连接三相异步电动机全压启动的控制线路。

二、相关知识

（一）低压电器学习

低压电器通常是指在交流电压小于 1200V，直流电压小于 1500V 的电路中起通断、保护、控制或调节作用的电器设备。熟悉常用低压电器的工作原理，能够熟练拆装、检验开关、熔断器、接触器等低压电器，是电动机各种控制电路的设计、安装、调试以及检修的基础。

1. 刀开关

刀开关是低压配电电器中结构最简单、应用最广泛的电器，主要用在低压成套配电装置中，作为不频繁地手动接通和分断交直流电路或作隔离开关用。也可以用于不频繁地接通与分断额定电流以下的负载，如小型电动机等。刀开关的种类很多，常用的有以下几种：

（1）闸刀开关

闸刀开关又称开启式负荷开关，图 2-31 所示为 HK 系列刀开关的结构图。它由刀开关和熔断器组成，均装在瓷底板上。刀开关装在上部，由进线座和静触头组成。熔断器装在下部，由出线座、熔丝和动触刀组成。动触刀上端装有瓷质手柄便于操作，上下各有一个胶盖并以紧固螺钉固定，用来遮罩开关零件，防止电弧或触及带电体伤人。这种开关不易分断有负载的电路，但由于结构简单、价格便宜，在一般的照明电路和功率小于 5.5kW 电动机的控制电路中仍有使用。

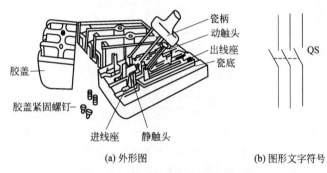

(a) 外形图　　　　　　　(b) 图形文字符号

图 2-31　HK 系列瓷底胶盖刀开关

（2）铁壳开关

铁壳开关是在闸刀开关基础上改进设计的一种开关，又称封闭式负荷开关，其外形、结构及其符号如图 2-32 所示。在铁壳开关的手柄转轴与底座之间装有一个速断弹簧，用钩子扣在转轴上，当扳动手柄分闸或合闸时，开始阶段 U 形双刀片并不移动，只拉伸了弹簧，贮存了能量，当转轴转到一定角度时，弹簧力就使 U 形双刀片快速从夹座拉开或将刀片迅速嵌入夹座，电弧被很快熄灭。铁壳开关上装有机械联锁装置，当箱盖打开时，不能合闸，闸刀合闸后箱盖不能打开。

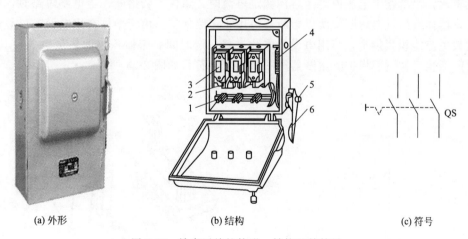

(a) 外形　　　　　　　(b) 结构　　　　　　　(c) 符号

图 2-32　铁壳开关的外形、结构及其符号

1—U 形双刀片；2—静夹座；3—熔断器；4—速断弹簧；5—转轴；6—手柄

（3）组合开关

组合开关又称转换开关，也是一种刀开关。它的刀片（动触片）是转动式的，比闸刀开

关轻巧，且结构紧凑、组合性强。图 2-33 所示为三极组合开关的结构。三极组合开关共有六个静触头和三个动触片。静触头的一端固定在胶木边框内，另一端伸出盒外，以便和电源及用电器相连接。三个动触片装在绝缘垫板上，并套在方轴上，通过手柄可使方轴作 90°正反向转动，从而使动触片与静触头保持闭合或分断。

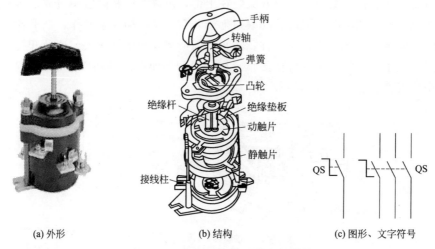

(a) 外形　　　　　　　(b) 结构　　　　　　(c) 图形、文字符号

图 2-33　三极组合开关及其表示符号

顶盖部分是由滑板、凸轮、扭簧及手柄等零件构成操作机构。在开关的顶部采用了扭簧储能机构，使开关能快速闭合或分断，闭合和分断的速度与手动操作无关，提高了产品的通断能力。

2. 熔断器

熔断器是一种广泛应用的最简单有效的保护电器之一。熔断器的结构一般分成熔体座和熔体等部分。熔断器是串联连接在被保护电路中的，当电路电流超过一定值时，熔体因发热而熔断，使电路被切断，从而起到保护作用。熔体的热量与通过熔体电流的平方及持续通电时间成正比，当电路中电流值等于熔体额定电流时，熔体不会熔断，当电路短路时，电流急剧增大，熔体瞬间升温熔断，所以熔断器可用于短路保护。由于熔体在用电设备过载时所通过的过载电流能积累热量，当用电设备连续过载一定时间后熔体积累的热量也能使其熔断，所以熔断器也可作过载保护。熔断器的图形及文字符号如图 2-34 所示。

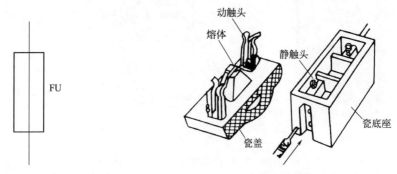

图 2-34　熔断器的图形及文字符号　　　　　图 2-35　瓷插式熔断器结构示意图

（1）几种常用的熔断器

如图 2-35 所示为常用的瓷插式熔断器。它由瓷底座、动触头、熔体和静触头组成，瓷

插件突出部分与瓷底座之间的间隙形成灭弧室。熔丝用螺钉固定在瓷盖内的铜闸片上，使用时将瓷盖插入底座，拔下瓷盖便可更换熔丝。由于该熔断器使用方便、价格低廉而应用广泛。主要用于交流380V及以下的电路末端作线路和用电设备的短路保护，在照明线路中还可起过载保护作用。由于该熔断器为半封闭结构，熔丝熔断时有声光现象，对易燃易爆的工作场合应禁止使用。

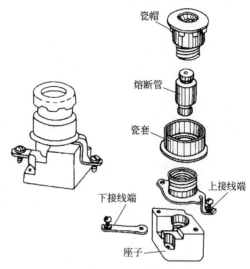

螺旋式熔断器的外形及结构示意图如图2-36所示。主要由瓷帽、熔断管和底座（包括瓷套、上接线端子、下接线端子及座子）组成。熔断管内装有熔丝并装满石英沙，同时还有熔体熔断的指示信号装置，熔体熔断后，带色标的铜片弹起，便于发现更换。螺旋式熔断

图 2-36　螺旋式熔断器的外形及结构示意图

器适用于电气线路中（如机床控制线路）作供配电设备、电缆、导线过载和短路保护元件。

无填料密封管式熔断器RM10系列如图2-37所示，由熔断管、熔体及插座组成。熔断管为钢纸制成，两端为黄铜制成的可拆式管帽，管内熔体为变截面的熔片，更换熔体较方便。RM10系列的极限分断能力比RC1A（插入式）熔断器有所提高，适用于小容量配电设备。

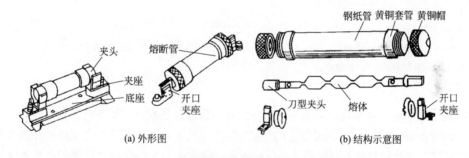

(a) 外形图　　(b) 结构示意图

图 2-37　无填料密封管式熔断器 RM10 系列

有填料密封管式熔断器RT0系列如图2-38所示，由熔断管、熔体及插座组成，熔断管为白瓷质的，与RM10熔断器类似，但管内充填石英沙，石英沙在熔体熔断时起灭弧作用，在熔断管的一端还设有熔断指示器。该熔断器的分断能力比同容量的RM10型大2.5～4倍。RT0系列熔断器适用于交流380V及以下、短路电流大的配电装置中，作为线路及电气设备的短路保护及过载保护。

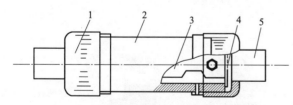

图 2-38　有填料密封管式熔断器 RT0 系列
1—铜帽；2—绝缘管；3—熔体；4—垫片；5—接触刀

（2）熔断器的选择

电路中熔断器熔体的额定电流可根据以下几种情况选择：

对电炉、照明等阻性负载电路的短路保护，熔体的额定电流应大于或等于负载额定电流；

对一台电动机负载的短路保护，熔体的额定电流 I_{RN} 应等于 $1.5\sim2.5$ 倍电动机额定电流 I_N；对多台电动机的短路保护，熔体的额定电流应满足：$I_{RN}=(1.5\sim2.5)I_{Nmax}+\sum I_N$。

目前，熔断器最广泛使用的灭弧介质填料是石英砂，石英具有热稳定性好、熔点高、化学惰性高、热导率高和价格低等优点。熔断器熔断时，电弧在石英颗粒间的窄缝中受到强烈的消电离作用而熄灭，同时使之免遭电弧的强烈热作用。

3. 控制按钮

控制按钮是发出控制指令和信号的电器开关，是一种手动且可以自动复位的主令电器，用于对接触器、继电器及其他电气线路发出指令信号控制。它的额定电压为 500V，额定电流一般为 5A。按钮由按钮帽、复位弹簧、桥式触头和外壳等组成，结构原理如图 2-39 所示。按下按钮帽时，3 和 4 分断，3 和 5 接通；松开按钮帽时，在弹簧的作用下，按钮恢复到常态。按照按钮的用途和结构，可以分为启动按钮、停止按钮和复合按钮，按钮的图形和文字符号如图 2-40 所示。

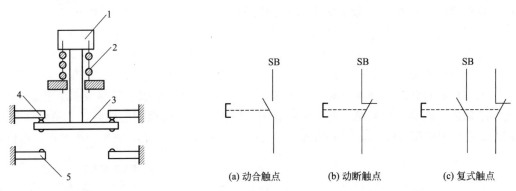

图 2-39　按钮结构示意图
1—按钮帽；2—复位弹簧；3—动触点；
4—动断静触点；5—动合静触点

图 2-40　按钮的图形和文字符号
(a) 动合触点　　(b) 动断触点　　(c) 复式触点

按钮在结构上有多种形式，适用于不同的场合。紧急式装有突出的红色蘑菇形钮帽，便于紧急操作，如图 2-41(a) 所示；旋钮式用于旋转操作，如图 2-41(b) 所示；指示灯式在透明的按钮内装入信号灯，用作信号显示，如图 2-41(c) 所示；钥匙式为了安全起见，须用钥匙插入方可旋转操作等等，如图 2-41(d) 所示。为了标明各个按钮的作用，避免误操作，通常将钮帽做成绿、黑、黄、蓝、白等不同的颜色。一般以红色表示停止，绿色表示启动，其外形如图 2-41 所示。

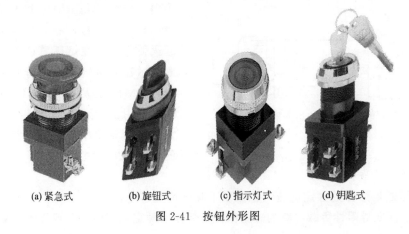

(a) 紧急式　　(b) 旋钮式　　(c) 指示灯式　　(d) 钥匙式
图 2-41　按钮外形图

目前使用比较多的有 LA18、LA19、LA20 系列的产品。控制按钮的选用依据主要根据需要的触点对数、动作要求、是否需要带指示灯、使用场合以及颜色等要求。

4. 接触器

接触器是一种自动的电磁式开关，它通过电磁力作用下的吸合和反力弹簧作用下的释放，使触点闭合和分断，从而使电路接通或分断，主要用来自动接通或断开大电流。大多数情况下，其控制对象是电动机，也可用于其他电力负载，如电热器、电焊机、电炉变压器等。接触器不仅能自动地接通和断开电路，还具有控制容量大、低电压释放保护、寿命长、能远距离控制等优点，所以在电气控制系统中应用十分广泛。根据接触器主触点通过电流种类的不同，电磁式接触器又可分为交流接触器和直流接触器。接触器的图形及文字符号如图 2-42 所示，常用的外形如图 2-43 所示。

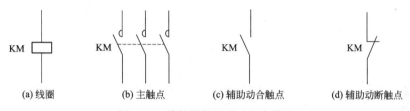

(a) 线圈　　　　(b) 主触点　　　　(c) 辅助动合触点　　　　(d) 辅助动断触点

图 2-42　接触器的图形及文字符号

图 2-43　常用接触器外形

（1）结构与工作原理

交流接触器主要由触点系统、电磁机构和灭弧装置等组成。图 2-44 所示为交流接触器

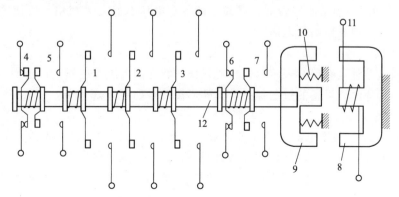

图 2-44　交流接触器的结构示意图

1~3—主触点；4,6—常闭触点；5,7—常开触点；8—铁芯；9—衔铁；10—弹簧；11—线圈；12—导杆

的结构示意图。

触点系统：触点是接触器的执行元件，用来接通和断开电路。交流接触器一般用双断点桥式触点，两个触点串于同一电路中，同时接通或断开。接触器的触点主要有主触点和辅助触点之分，主触点用以通断主电路，辅助触点用以通断控制回路。

电磁机构：电磁机构的作用是将电磁能转换成机械能，操纵触点的闭合或断开。交流接触器一般采用衔铁绕轴转动的拍合式电磁机构和衔铁作直线运动的电磁机构，如图 2-45 所示。由于交流接触器的线圈通交流电，在铁芯中存在磁滞和涡流损耗，会引起铁芯发热。为了减少涡流损耗、磁滞损耗，以免铁芯发热过甚，铁芯由硅钢片叠铆而成。同时，为了减小机械振动和噪声，在静铁芯极面上装有分磁环（集电环）。

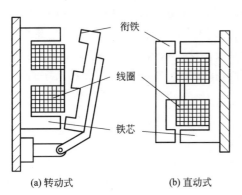

图 2-45　电磁铁的结构形式

(a) 转动式　　　(b) 直动式

灭弧装置：交流接触器分断大电流电路时，往往会在动、静触点之间产生很强的电弧。电弧一方面会烧伤触点，另一方面会使电路切断时间延长，甚至会引起其他事故。因此，交流接触器必须有灭弧装置。容量较小（10A 以下）的交流接触器一般采用的灭弧方法是双断触点和电动力灭弧。容量较大（20A 以上）的交流接触器一般采用灭弧栅灭弧。

其他部分：交流接触器的其他部分有底座、反力弹簧、缓冲弹簧、触点压力弹簧、传动机构和接线柱等。反力弹簧的作用是当吸引线圈断电时，迅速使主触点和动合辅助触点断开；缓冲弹簧的作用是缓冲衔铁在吸合时对静铁芯和外壳的冲击力。触点压力弹簧的作用是增加动、静触点之间的压力，增大接触面积以降低接触电阻，避免触点由于接触不良而过热灼伤，并有减振作用。

（2）接触器的选择

① 接触器铭牌上的额定电压是指触头的额定电压。选用接触器时，主触头所控制的电压应小于或等于它的额定电压。

② 接触器铭牌上的额定电流是指触头的额定电流。选用时，主触头额定电流应大于电动机的额定电流。

③ 同一系列同一容量的接触器，其线圈的额定电压有好几种规格，应使接触器吸引线圈的额定电压等于控制回路的电压。

5. 热继电器

热继电器是一种具有反时限（延时）过载保护特性的电流继电器，广泛用于电动机的保护，也可用于其他电气设备的过载保护，其外形及符号如图 2-46 所示。

（1）结构原理

如图 2-47 所示，热继电器由热元件、双金属片、动作机构、触头系统、整定调整装置和温度补偿元件等组成。当电动机或设备过载时，热元件发热量增多，双金属片的温度升高弯曲推动导板 4，并通过补偿双金属片 5 与推杆 14 将触点 9 和 6 分开，接触器线圈失电，其主触点断开电动机等负载回路，起到了保护电动机等负载的作用。

补偿双金属片 5 可以在规定范围内补偿环境对热继电器的影响。如果周围环境升高，双

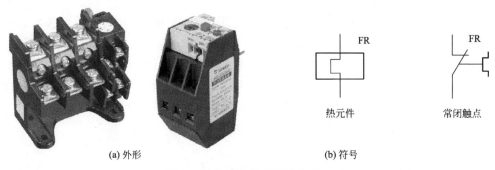

(a) 外形　　　　　　　　　　　　　　(b) 符号

图 2-46　热继电器的外形及符号

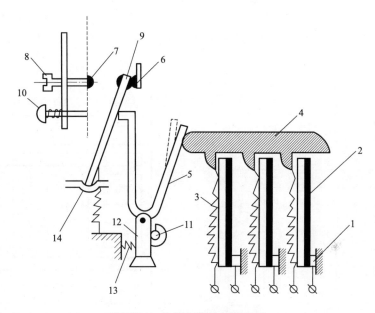

图 2-47　热继电器结构原理图

1—固定柱；2—双金属片；3—热元件；4—导板；5—补偿双金属片；6,7—静触点；8—调节螺钉；
9—动触点；10—复位按钮；11—调节旋钮；12—支撑杆；13—弹簧；14—推杆

金属片向左弯曲程度加大，然而补偿双金属片 5 也向左弯曲，使导板 4 与补偿双金属片之间距离保持不变，故继电器特性不受环境温度升高的影响，反之亦然。有时可采用欠补偿，使补偿双金属片 5 向左弯曲的距离小于双金属片 2 因环境温度升高向左弯曲的变动值，以便在环境温度较高时，热继电器动作较快，更好地保护电动机。

调节旋钮 11 是一个偏心轮，它与支撑杆 12 构成一个杠杆，转动偏心轮，即可改变补偿双金属片 5 与导板 4 的接触距离，从而达到调节整定动作电流值的目的。此外，靠调节螺钉 8 来改变动合静触点 7 的位置，使热继电器能工作在手动复位和自动复位两种工作状态。调试手动复位时，在故障排除后需按下复位按钮 10 才能使动触点 9 恢复到静触点 6 相接触的位置。

（2）热继电器的选择

①　原则上应使热继电器的安秒特性尽可能接近甚至重合电动机的过载特性，或者在电动机的过载特性之下，同时在电动机短时过载和启动的瞬间，热继电器应不受影响（不

动作）。

② 当热继电器用于保护长期工作制或间断长期工作制的电动机时，一般按电动机的额定电流来选用。例如，热继电器的整定值可等于 0.95～1.05 倍的电动机的额定电流，或者取热继电器整定电流的中值等于电动机的额定电流，然后进行调整。

③当热继电器用于保护反复短时工作制的电动机时，热继电器仅有一定范围的适应性。如果短时间内操作次数很多，就要选用带速饱和电流互感器的热继电器。

（二）电气控制识图基本知识

1. 电工用图的分类及其作用

在电气控制系统中，首先是由配电器将电能分配给不同的用电设备，再由控制电器使电动机按设定的规律运转，实现由电能到机械能的转换，满足不同生产机械的要求。在电工领域安装、维修都要依靠电气控制原理图和施工图，施工图又包括电气元件布置图和电气接线图，如图 2-48、图 2-49（CW6132 型车床电气元件布置图）和图 2-50 所示。电工用图的分类及作用见表 2-2。

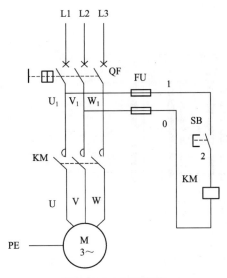

图 2-48　电气原理图

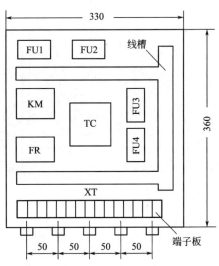

图 2-49　CW6132 型车床电器元件布置图

表 2-2　电工用图的分类及作用

电工用图		概　念	作　用	图中内容
电气控制图	原理图	用国家统一规定的图形符号、文字符号和线条联接来表明各个电器的连接关系和电路工作原理的示意图，如图 2-48 所示	分析电气控制原理、绘制及识读电气控制接线图和电气元件位置图的主要依据	电气控制线路中所包含的电气元件、设备、线路的组成及连接关系
	施工图　平面布置图	根据电气元件在控制板上的实际安装位置，采用简化的外形符号（如方形等）而绘制的一种简图。如图 2-49 所示	主要用于电气元件的布置和安装	项目代号、端子号、导线号、导线类型、导线截面等
	施工图　接线图	用来表明电器设备或线路连接关系的简图，如图 2-50 所示	安装接线、线路检查和线路维修的主要依据	电气线路中所含元器件及其排列位置，各元器件之间的接线关系

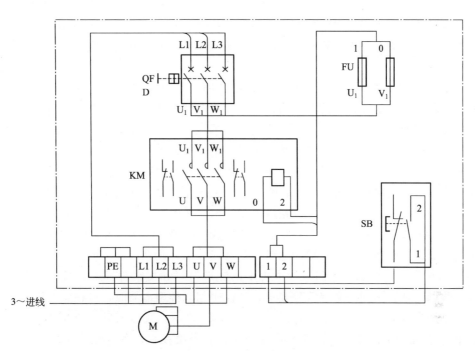

图 2-50　电气接线图

电气控制图是电气工程技术的通用语言。为了便于信息交流与沟通，在电气控制线路中，各种电气元件的图形符号和文字符号必须统一，即符合国家强制执行的国家标准。我国颁布了 GB 4728—2008《电气图用图形符号》、GB 6988.1—2008《电气技术文件的编列　第1 部分：规则》及 GB 7159《电气技术中的文字符号制订通则》，GB 5226《机床电气设备通用技术条件》，GB/T 6988.2—1997《电气技术用文件的编制》等。

2. 读图的方法和步骤

电路和电气设备的设计、安装、调试与维修都要有相应的电气线路图作为依据或参考。电气线路图是根据国家标准的图形符号和文字符号，按照规定的画法绘制出的图纸。

（1）电气线路图中常用的图形符号和文字符号

要识读电气线路图，必须首先明确电气线路图中常用的图形符号和文字符号所代表的含义，这是看懂电气线路图的前提和基础。

① 基本文字符号。基本文字符号又分单字母文字符号和双字母文字符号两种。单字母符号是按拉丁字母顺序将各种电气设备、装置和元器件划分为 23 类，每一大类电器用一个专用单字母符号表示，如"K"表示继电器、接触器类，"R"表示电阻器类。当单字母符号不能满足要求而需要将大类进一步划分，以便更为详尽地表述某一种电气设备、装置和元器件时采用双字母符号。双字母符号由一个表示种类的单字母符号与另一个字母组成，组合形式为单字母符号在前、另一个字母在后，如"F"表示保护器件类，"FU"表示熔断器，"FR"表示热继电器。

② 辅助文字符号。辅助文字符号用来表示电气设备、装置、元器件及线路的功能、状态和特征，如"DC"表示直流，"AC"表示交流。辅助文字符号也可放在表示类别的单字母符号后面组成双字母符号，如"KT"表示时间继电器等。辅助文字符号也可单独使用，如"ON"表示接通，"N"表示中性线等。

(2) 电气原理图的绘制和阅读方法

电气原理图是用于描述电气控制线路的工作原理、以及各电气元件的作用和相互关系，而不考虑各电路元件实际的位置和实际连线情况的图纸。绘制和阅读电气原理图，一般遵循下面的规则。

① 原理图一般由主电路、控制电路和辅助电路三部分组成。主电路就是从电源到电动机绕组的大电流通过的路径；控制电路是指控制主电路工作状态的电路；辅助电路包括照明电路、信号电路及保护电路等。信号电路是指显示主电路工作状态的电路；照明电路是指实现机械设备局部照明的电路；保护电路是实现对电动机的各种保护。控制电路和辅助电路一般由继电器的线圈和触点、接触器的线圈和触点、按钮、照明灯、信号灯、控制变压器等电气元件组成。这些电路通过的电流都较小。一般主电路用粗实线表示，画在左边（或上部），电源电路画成水平线，三相交流电源相序 L1、L2、L3 由上而下依次排列画出，经电源开关后用 U、V、W 或 U、V、W 后加数字标志。中线 N 和保护地线 PE 画在相线之下，直流电源则正端在上、负端在下画出；辅助电路用细实线表示，画在右边（或下部）。

② 所有的电气元件都采用国家标准规定的图形符号和文字符号来表示。属于同一电器的线圈和触点，都要用同一文字符号表示。当使用相同类型电器时，可在文字符号后加注阿拉伯数字序号来区分，例如两个接触器 KM1、KM2 表示，或用 KMF、KMR 表示。

③ 同一电器的不同部件，常常不绘在一起，而是绘在它们各自完成作用的地方。例如接触器的主触点通常绘在主电路中，而吸引线圈和辅助触点则绘在控制电路中，但它们都用 KM 表示。

④ 所有电器触点都按没有通电或没有外力作用时的常态绘出。如继电器、接触器的触点，按线圈未通电时的状态画；按钮、行程开关的触点按不受外力作用时的状态画等。

⑤ 在表达清楚的前提下，尽量减少线条，尽量避免交叉线的出现。两线需要交叉连接时需用黑色实心圆点表示，两线交叉不连接时需用空心圆圈表示。

⑥ 无论是主电路还是辅助电路，各电气元件一般应按动作顺序从上到下，从左到右依次排列，可水平或垂直布置。

⑦ 方便查线。在原理图中两条以上导线的电气连接处要打一圆点，且每个接点要标一个编号，编号的原则是：靠近左边电源线的用单数标注，靠近右边电源线的用双数标注，通常都是以电器的线圈或电阻作为单、双数的分界线，故电器的线圈或电阻应尽量放在各行的一边（左边或右边）。

在阅读电气原理图以前，必须对控制对象有所了解，尤其对于机、液（或气）、电配合得比较密切的生产机械，单凭电气线路图往往不能完全看懂其控制原理，只有了解有关的机械传动和液（气）压传动后，才能搞清全部控制过程。

阅读电气原理图的步骤：一般先看主电路，再看控制电路，最后看信号及照明等辅助电路。先看主电路有几台电动机，各有什么特点，例如是否有正、反转，采用什么方法启动，有无制动等；看控制电路时，一般从主电路的接触器入手，按动作的先后次序（通常自上而下）一个一个分析，搞清楚它们的动作条件和作用。控制电路一般都由一些基本环节组成，阅读时可把它们分解出来，便于分析。此外还要看有哪些保护环节。

（三）基本控制线路的安装步骤和工艺要求

1. 电气控制线路的安装工艺及要求

（1）安装前应检查各元件是否良好。

　　(2) 安装元件不能超出规定范围。

　　(3) 导线连接可用单股线（硬线）或多股线（软线）连接。用单股线连接时，要求连线横平竖直，沿安装板走线，尽量少出现交叉线，拐角处应为直角。布线要美观、整洁、便于检查。用多股线连接时，安装板上应搭配有行线槽，所有连线沿线槽内走线。

　　(4) 导线线头裸露部分不能超过 2mm。

　　(5) 每个接线柱不允许超过两根导线，导线与元件连接要接触良好，以减小接触电阻。

　　(6) 导线与元件连接处是螺丝的，导线线头要沿顺时针方向绕线。

　　2. 安装电气控制线路的方法和步骤

　　安装电动机控制线路时，必须按照有关技术文件执行。电动机控制线路安装步骤和方法如下。

　　(1) 阅读原理图。明确原理图中的各种元器件的名称、符号、作用，理清电路图的工作原理及其控制过程。

　　(2) 选择元器件。根据电路原理图选择组件并进行检验。包括组件的型号、容量、尺寸、规格、数量等。

　　(3) 配齐需要的工具、仪表和合适的导线。按控制电路的要求配齐工具，仪表，按照控制对象选择合适的导线，包括类型、颜色、截面积等。电路 U、V、W 三相用黄色、绿色、红色导线，中性线（N）用黑色导线，保护接地线（PE）必须采用黄绿双色导线。

　　(4) 安装电气控制线路。根据电路原理图、接线图和平面布置图，对所选组件（包括接线端子）进行安装接线。要注意组件上的相关触点的选择，区分常开、常闭、主触点、辅助触点。控制板的尺寸应根据电器的安排情况决定。导线线号的标志应与原理图和接线图相符合。在每一根连接导线的线头上必须套上标有线号的套管，位置应接近端子处。线号编制方法如下。

　　① 主电路。三相电源按相序自上而下编号为 L1、L2、L3；经过电源开关后，在出线端子上按相序依次编号为 U11、V11、W11。主电路中的各支路，应从上至下、从左至右，每经过一个电器元件的线桩后，编号要递增，如 U11、V11、W11，U12、V12、W12……单台三相交流电动机（或设备）的三根引出线按相序依次编号为 U、V、W（或用 U1、V1、W1 表示），多台电动机引出线的编号，为了不致引起误解和混淆，可在字母前冠以数字来区别，如 1U、1V、1W、2U、2V、2W……

　　② 控制电路与照明、指示电路。应从上至下、从左至右，逐行用数字来依次编号，每经过一个电器元件的接线端子，编号要依次递增。

　　(5) 连接电动机及保护接地线、电源线及控制电路板外部连接线。

　　(6) 线路静电检测。包括学生自测和互测，以及老师检查。

　　(7) 通电试车。

　　(8) 结果评价。

　　3. 电气控制线路安装时的注意事项

　　(1) 不触摸带电部件，严格遵守"先接线后通电，先接电路部分后接电源部分；先接主电路，后接控制电路，再接其他电路；先断电源后拆线"的操作程序。

　　(2) 接线时，必须先接负载端，后接电源端；先接接地端，后接三相电源相线。

　　(3) 发现异常现象（如发响、发热、焦臭），应立即切断电源，保持现场，报告指导老师。

　　(4) 注意仪器设备的规格、量程和操作程序，做到不了解性能和用法，不随意使用设备。

4. 通电前检查

控制线路安装好后，在接电前应进行如下项目的检查。

（1）各个元件的代号、标记是否与原理图上的一致和齐全。

（2）各种安全保护措施是否可靠。

（3）控制电路是否满足原理图所要求的各种功能。

（4）各个电气元件安装是否正确和牢靠。

（5）各个接线端子是否连接牢固。

（6）布线是否符合要求、整齐。

（7）各个按钮、信号灯罩和各种电路绝缘导线的颜色是否符合要求。

（8）电动机的安装是否符合要求。

（9）保护电路导线连接是否正确、牢固可靠。

（10）检查电气线路的绝缘电阻是否符合要求。其方法是：短接主电路、控制电路和信号电路，用 500V 兆欧表测量与保护电路导线之间的绝缘电阻不得小于 0.5MΩ。当控制电路或信号电路不与主电路连接时，应分别测量主电路与保护电路、主电路与控制电路和信号电路、控制电路和信号电路与保护电路之间的绝缘电阻。

5. 空载例行试验

通电前应检查所接电源是否符合要求。通电后应先点动，然后验证电气设备的各个部分的工作是否正确和操作顺序是否正常。特别要注意验证急停器件的动作是否正确。验证时，如有异常情况，必须立即切断电源查明原因。

6. 负载例行试验

在正常负载下连续运行，验证电气设备所有部分运行的正确性，特别要验证电源中断和恢复时是否会危及人身安全、损坏设备。同时要验证全部器件的温升不得超过规定的允许温升和在有载情况下验证急停器件是否仍然安全有效。

（四）常用全压启动电路

1. 三相异步电动机手动控制电路

手动控制就是通过刀开关把电动机直接接入电网，加上额定电压，如图 2-51 所示，它是三相异步电动机最简单的控制方法。手动控制主要用来不频繁地接通与分断小型电动机。对于大中容量的电动机，一般需要用接触器、继电器来控制。

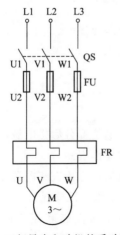

图 2-51 三相异步电动机的手动控制电路

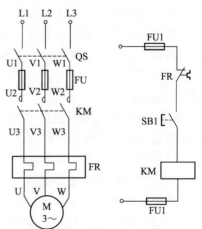

图 2-52 三相异步电动机的点动控制电路

2. 三相异步电动机点动控制电路

如图 2-52 所示的电路为点动控制的电路。合上刀开关 QS，按下按钮 SB1 时，接触器 KM 得电吸合，主触点闭合，电动机得电启动。松开按钮 SB1，接触器 KM 断电，主触点释放，电动机停转。

3. 三相异步电动机长动控制电路

如图 2-53 所示是三相异步电动机的长动控制电路。合上开关 QS 引入三相电源。按下启动按钮 SB2，KM 线圈通电，KM 衔铁吸合，KM 主触点闭合使电动机接通电源启动运转，同时与 SB2 并联的 KM 动合辅助触点闭合，形成自锁。启动按钮 SB2 自动复位时，接触器 KM 的吸引线圈仍可通过其辅助触点继续供电，从而保证电

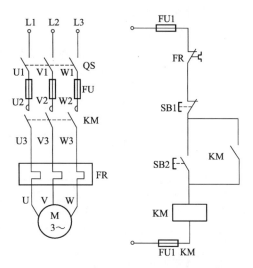

图 2-53　三相异步电动机的长动控制电路

动机的连续运行。这种依靠接触器自身辅助触点而使其线圈保持通电的现象，称为自锁或自保持，又叫做长动。停车时，按下停止按钮 SB1，KM 线圈断电，主触点和自锁触点均恢复到断开状态，电动机脱离电源停止运转。

在运行过程中，当电动机出现长期过载时，热继电器 FR 动作，其动断触点断开，KM 线圈断电，电动机停止运转，实现电动机的过载保护。

三、任务实施

（一）闸刀开关控制的三相异步电动机手动全压启动电路的安装与检测

1. 任务实施要求

掌握三相异步电动机手动全压启动控制线路的安装与检测。

2. 任务所需设备

（1）电工常用工具：测电笔、电工钳、尖嘴钳、斜口钳、螺丝刀（一字形与十字形）、电工刀、校验灯等。

（2）仪表：数字式万用表或指针式万用表。

（3）导线：主电路采用 BV1.5mm² （红色、绿色、黄色）；控制电路采用 BV1mm² （黑色）；按钮线采用 BVR0.75mm² （红色）；接地线采用 BVR1.5mm² （黄绿双色）。导线数量由教师根据实际情况确定。

（4）控制板一块（600mm×500mm×20mm）。

（5）所需的电气元件。见表 2-3。

表 2-3　电气元件明细表

代号	名称	推荐型号	推荐规格	数量
M	三相异步电动机	Y112M-4	4kW、380V、△接法、8.8A、1440r/min	1
QS	三相闸刀开关	HK1-30/3	三极、380V 额定电流 30A、熔体直连	1
FU	螺旋式熔断器	RL1-30/20	380V、30A、配熔体额定电流 20A	3
QS	倒顺开关	HY2-30/3	三极、380V、30A	1
XT	端子排	JX2-1010	10A、10 节、380V	1

3. 任务实施步骤

（1）固定元器件

配齐元件之后，按图 2-54 进行元器件安装。

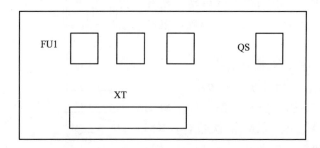

图 2-54　闸刀开关控制的三相异步电动机全压启动电路平面布置图

（2）电路安装

电气控制原理图如图 2-51 所示。读懂原理图之后，按图 2-55 连接电路。

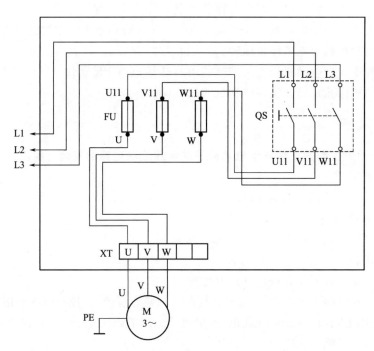

图 2-55　闸刀开关控制的三相异步电动机的全压启动接线图

（3）自检和互检电路的连接情况

（4）静电检测

将检测结果填入任务单中。

① 用万用表测 QS 两端的电压与电阻。

② 用万用表测电动机电源接线端之间的电压及电动机接线端与机壳之间的电压。

（5）通电试车

经老师检查同意后，闭合 QS，观察电动机的转动情况，用万用表测量两相线之间的电压和电动机两接线端之间的电压，记录两个测量结果并进行比较。

三相异步电动机手动全压启动控制线路安装与检测任务单

班级：_____ 组别：_____ 学号：_____ 姓名：_____ 操作日期：_____

安装前准备		
序号	准备内容	准备情况自查
1	知识准备	控制线路图是否熟悉　　　　　　是□　否□ 安装步骤是否掌握　　　　　　　是□　否□ 安装注意事项是否熟悉　　　　　是□　否□ 通电前需检查内容是否熟悉　　　是□　否□
2	材料准备	电动工具是否齐全　　　　　　　是□　否□ 熔断器是否完好　　　　　　　　是□　否□ 闸刀开关是否完好　　　　　　　是□　否□ 端子排是否完好　　　　　　　　是□　否□ 仪表是否完好　　　　　　　　　是□　否□ 控制板大小是否合适　　　　　　是□　否□ 导线数量是否够用　　　　　　　是□　否□

检测结果记录		
步骤	内容	数据记录
1	自检和互检发现的问题和解决方案	
2	静电检测结果	开关两端电压和电阻：$U_{QS}=$　　　　　$R_{QS}=$ 电源接线端电压：　$U_{UV}=$　　　$U_{VW}=$　　　$U_{WU}=$ 接线端与外壳之间电压：
3	通电试车	转动情况： 电源相线之间电压：$U_{AB}=$　　　$U_{BC}=$　　　$U_{CA}=$ 接线端之间电压：　$U_{UV}=$　　　$U_{VW}=$　　　$U_{WU}=$
4	安装时间	开始时间：　　　　　　　　结束时间： 实际用时：
5	收尾	控制线路正确装配完毕□　　仪表挡位回位□　　垃圾清理干净□ 凳子放回原处□　　　　　　台面清理干净□

验收
优秀□　　　良好□　　　中□　　　及格□　　　不及格□ 教师签字：　　　　　　　　　　　日期：

任务实施标准

项目内容	配　分	评分标准		得分
器材准备	5分	(1)不清楚元器件的功能及作用	扣2分	
		(2)不能正确选用元器件	扣3分	
工具、仪表的使用	5分	(1)不会正确使用工具	扣2分	
		(2)不能正确使用仪表	扣3分	
装前检查	10分	(1)电动机质量检查	每漏一处扣2分	
		(2)电气元件漏检或错检	每处扣2分	

续表

项目内容	配　分	评　分　标　准	得分
安装元件	15分	(1)不按布置图安装　　　　　　　　　　　　　　扣5分 (2)元件安装不紧固　　　　　　　　　　　　每只扣4分 (3)安装元件时漏装木螺钉　　　　　　　　　每只扣2分 (4)元件安装不整齐、不匀称、不合理　　　　每只扣3分 (5)损坏元件　　　　　　　　　　　　　　　　扣15分	
布线	30分	(1)不按电路图接线　　　　　　　　　　　　　扣10分 (2)布线不符合要求:主电路　　　　　　　　每根扣4分 　　　　　　　　　　　　控制电路　　　　每根扣2分 (3)接点松动、露铜过长、压绝缘层、反圈等,每个接点扣1分 (4)损伤导线绝缘或线芯　　　　　　　　　　每根扣5分 (5)漏套或错套编码套管(教师要求)　　　　每处扣2分 (6)漏接接地线　　　　　　　　　　　　　　扣10分	
通电试车	35分	(1)热继电器未整定或整定错　　　　　　　　　扣5分 (2)熔体规格配错,主、控电路　　　　　　　每处扣5分 (3)第一次试车不成功　　　　　　　　　　　扣10分 第二次试车不成功　　　　　　　　　　　　扣20分 第三次试车不成功　　　　　　　　　　　　扣30分	
安全文明生产	违反安全文明生产规程、小组团队协作精神不强　　　　　扣5~40分		
定额时间2h	每超时5min以内以扣5分计算		
备注	除定额时间外,各项目的最高扣分不应超过配分数		

(二) 三相异步电动机点动线路的安装与检测

1. 任务实施要求

掌握三相异步电动机点动控制线路的安装与检测。

2. 任务所需设备

(1) 电气元件

使用的主要电气元件见表2-4。

表2-4　电气元件明细表

代号	名称	推荐型号	推荐规格	数量
M	三相异步电动机	Y112M-4	4kW、380V、△接法、8.8A、1440r/min	1
QF	低压断路器	DZ10-100	三相、额定电流15A	1
QS	组合开关	HZ10-25/3	三极、380V、25A	1
FU	螺旋式熔断器	RL1-15/2	380V、15A、配熔体额定电流2A	2
KM	交流接触器	CJ10-20	20A、线圈电压380V	1
SB	按钮	LA10-3H	保护式、按钮数3	1
XT1	端子排	JX2-1010	10A、10节、380V	1
XT2	端子排	JX2-1004	10A、4节、380V	1

注:低压断路器和组合开关任选其一。

（2）工具

验电笔、螺丝刀、尖嘴钳、斜口钳、剥线钳、电工刀等。

（3）仪表

ZC7（500V）型兆欧表、DT-9700 型钳形电流表，MF500 型万用表（或数字式万用表 DT980）。

（4）器材

① 控制板一块（600mm×500mm×20mm）。

② 导线。规格有：主电路采用 BV1.5mm² （红色、绿色、黄色）；控制电路采用 BV1mm² （黑色）；按钮线采用 BVR0.75mm² （红色）；接地线采用 BVR1.5mm² （黄绿双色）。导线数量由教师根据实际情况确定。

③ 紧固体和编码套管按实际需要发给，简单线路可不用编码套管。

3. 任务实施步骤及工艺要求

（1）读懂点动正转控制线路电路图 2-52，明确线路所用元件及作用。

（2）按表 2-4 配置所用电气元件，并检验型号及性能。在配置过程中应该注意以下问题。

① 电气元件的技术数据符合要求，外观无损伤。

② 电气元件的电磁机构动作要灵活。

③ 对电动机进行常规检查。

（3）在控制板上按布置图 2-56 安装电气元件，并标注上醒目的文字符号。工艺要求如下。

① 低压断路器、熔断器的受电端子应安装在控制板的外侧。

② 各元件的安装位置应整齐、匀称，间距合理，便于元件的更换。

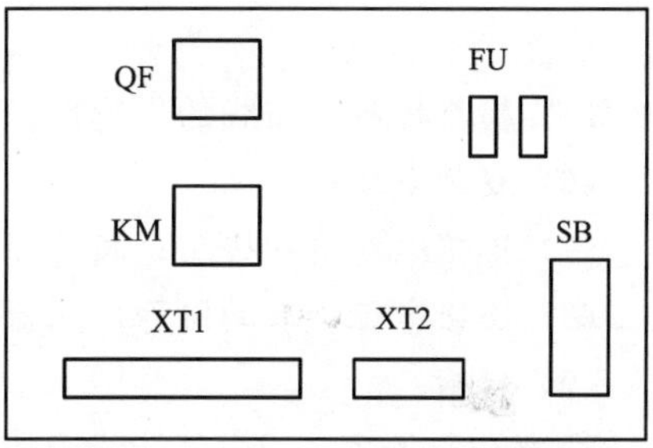

图 2-56　点动电气元件平面布置图

③ 紧固各元件时要用力均匀，紧固程度适当。在紧固熔断器、接触器等易碎裂元件时，应用手按住元件一边轻轻摇动，一边用螺丝刀轮换旋紧对角线上的螺钉，直到手摇不动后再适当旋紧些即可。

（4）按接线图 2-57 进行板前明线布线和套编码套管。板前明线布线的工艺要求是：

① 布线通道尽可能少，同路并行导线按主、控电路分类集中，单层密排，紧贴安装面布线。

② 同一平面的导线应高低一致。

③ 布线应横平竖直，导线与接线螺栓连接时，应打羊眼圈，并按顺时针旋转，不允许反圈。对瓦片式接点，导线连接时，直线插入接点固定即可。

④ 布线时不得损伤线芯和导线绝缘。所有从一个接线端子到另一个接线端子的导线必须连续，中间无接头。

⑤ 导线与接线端子或接线桩连接时，不得压绝缘层及露铜过长。在每根剥去绝缘层导线的两端套上编码套管。

⑥ 一个电气元件接线端子上的连接导线不得多于两根，每节接线端子板上的连接导线一般只允许连接一根。

⑦ 同一元件、同一回路的不同接点的导线间距离应一致。

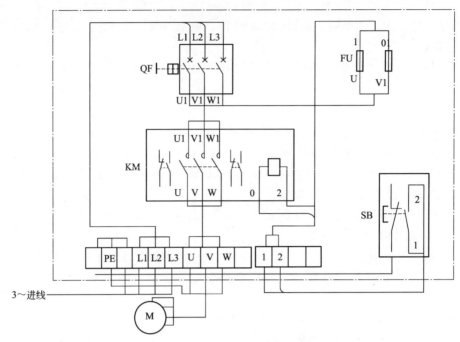

图 2-57 电动机点动控制接线图

（5）检查控制板布线的正确性。

（6）安装电动机。

（7）连接电动机和按钮金属外壳的保护接地线。

（8）连接电源、电动机等控制板外部的导线。

（9）自检。

① 按电路原理图或电气接线图从电源端开始，逐段核对接线及接线端子处连接是否正确，有无漏接、错接之处。检查导线接点是否符合要求，压接是否牢固。接触应良好，以免接负载运行时产生闪弧现象。检查主电路时，可以手动来代替受电线圈励磁吸合时的情况进行检查。

② 用万用表检查控制线路的通断情况：用万用表表笔分别搭在接线图 U1、V1 线端上（也可搭在 0 与 1 两点处），这时万用表读数应在无穷大；按下 SB 时表读数应为接触器线圈的直流电阻阻值。

③ 用兆欧表检查线路的绝缘电阻不得小于 0.5MΩ。

（10）通电试车。接电前必须征得教师同意，并由教师接通电源和现场监护。

① 学生合上电源开关 QS 后，允许用万用表或测电笔检查主、控电路的熔体是否完好，但不得对线路接线是否正确进行带电检查。

② 第一次按下按钮时，应短时点动，以观察线路和电动机有无异常现象。

③ 试车成功率以通电后第一次按下按钮时计算。

④ 出现故障后，学生应独立进行检修，若需要带电检查时，必须有教师在现场监护。检修完毕再次试车，也应有教师监护，并做好实习时间记录。

⑤ 应在规定时间内完成。

（11）注意事项。

① 不触摸带电部件，严格遵守"先接线后通电，先接电路部分后接电源部分；先接主

电路，后接控制电路，再接其他电路；先断电源后拆线"的操作程序。

② 接线时，必须先接负载端，后接电源端；先接接地端，后接三相电源相线。

③ 发现异常现象（如发响、发热、焦臭），应立即切断电源，保持现场，报告指导老师。

④ 电动机必须安放平稳，电动机及按钮金属外壳必须可靠接地。接至电动机的导线必须穿在导线通道内加以保护，或采取坚韧的四芯橡皮护套线进行临时通电校验。

⑤ 电源进线应接在螺旋式熔断器底座中心端上，出线应接在螺纹外壳上。

⑥ 按钮内接线时，用力不能过猛，以防止螺钉打滑。

三相异步电动机点动控制线路安装与检测任务单

班级：_____ 组别：_____ 学号：_____ 姓名：_____ 操作日期：_____

安装前准备			
序号	准备内容	准备情况自查	
1	知识准备	控制线路图是否熟悉　　　　　　　　　　是□　否□ 安装步骤是否掌握　　　　　　　　　　是□　否□ 安装注意事项是否熟悉　　　　　　　　是□　否□ 通电前需检查内容是否熟悉　　　　　　是□　否□	
2	材料准备	电动工具是否齐全　　　　　　　　　　是□　否□ 熔断器是否完好　　　　　　　　　　　是□　否□ 各元件是否完好　　　　　　　　　　　是□　否□ 端子排是否完好　　　　　　　　　　　是□　否□ 仪表是否完好　　　　　　　　　　　　是□　否□ 控制板大小是否合适　　　　　　　　　是□　否□ 导线数量是否够用　　　　　　　　　　是□　否□	

检测结果记录			
步骤	内容	数据记录	
1	自检和互检发现的问题和解决方案		
2	静电检测结果	开关两端电压和电阻：$U_{QS}=$　　　　　　$R_{QS}=$ 电源接线端电压：$U_{UV}=$　　　　$U_{VW}=$　　　　$U_{WU}=$ 接线端与外壳之间电压：	
3	通电试车	转动情况： 电源相线之间电压：$U_{AB}=$　　　$U_{BC}=$　　　$U_{CA}=$ 接线端之间电压：$U_{UV}=$　　　$U_{VW}=$　　　$U_{WU}=$	
4	安装时间	开始时间：　　　　　　　结束时间： 实际用时：	
5	收尾	控制线路正确装配完毕□　　　仪表挡位回位□　　　垃圾清理干净□ 凳子放回原处□　　　　　　　台面清理干净□	

验收			
优秀□　　　良好□　　　中□　　　及格□　　　不及格□			
		教师签字：　　　　　　　　日期：	

任务实施标准见任务实施（一）手动控制电路部分。

（三）三相异步电动机长动线路的安装与检测

1. 任务实施要求

掌握三相异步电动机长动控制线路的安装与检测。

2. 任务实施所需设备

（1）电气元件

安装三相异步电动机长动控制线路所需电气元件见表 2-5。

表 2-5　电气元件明细表

代号	名称	推荐型号	推荐规格	数量
M	三相异步电动机	Y112M-4	4kW、380V、△接法、8.8A、1440r/min	1
QS	组合开关	HZ10-25/3	三相、额定电流 25A	1
FU1	螺旋式熔断器	RL1-60/25	380V、60A、配熔体额定电流 25A	3
FU2	螺旋式熔断器	RL1-15/2	380V、15A、配熔体额定电流 2A	2
KM	交流接触器	CJ10-20	20A、线圈电压 380V	1
FR	热继电器	JR16-20/3	三极、20A、整定电流 8.8A	1
SB	按钮	LA10-3H	保护式、500V、5A、按钮数 3、复合按钮	1
XT1	端子排	JX2-1015	10A、15 节、380V	1
XT2	端子排	JX2-1010	10A、10 节、380V	1

（2）工具

测电笔、螺丝刀（螺钉旋具）、尖嘴钳、斜口钳、剥线钳、电工刀等。

（3）仪表

ZC7（500V）型兆欧表、DT-9700 型钳形电流表，MF500 型万用表（或数字式万用表 DT980）。

（4）器材

① 控制板一块（600mm×500mm×20mm）。

② 导线规格：主电路采用 BV1.5mm²（红色、绿色、黄色）；控制电路采用 BV1mm²（黑色）；按钮线采用 BVR0.75mm²（红色）；接地线采用 BVR1.5mm²（黄绿双色）。导线数量由教师根据实际情况确定。

③ 紧固体和编码套管按实际需要发给。

3. 任务实施步骤及工艺要求

（1）读懂带过载保护的长动正转控制线路电路图，明确线路所用元件及作用。

（2）按表 2-5 配置所用电气元件并检验型号及性能。

（3）在控制板上按图 2-58 安装电气元件，并标注上醒目的文字符号。

（4）按图 2-59 和图 2-60 进行板前明线

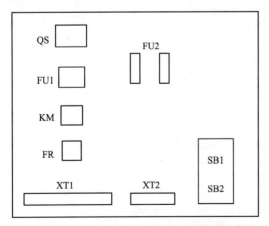

图 2-58　三相异步电动机长动控制元器件平面布置图

布线和套编码套管。板前明线布线的工艺要求参照任务实施（二）。

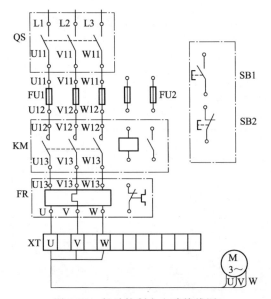

图 2-59　长动控制主电路接线图

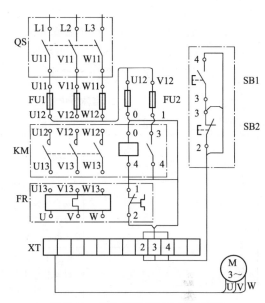

图 2-60　长动控制控制电路接线图

（5）检查控制板布线的正确性。

（6）安装电动机。

（7）连接电动机和按钮金属外壳的保护接地线。

（8）连接电源、电动机等控制板外部的导线。

（9）自检。

① 用查线号法分别对主电路和控制电路进行常规检查，按控制原理图和接线图逐一查对线号有无错接、漏接。按电路原理图或电气接线图从电源端开始，逐段核对接线及接线端子处连接是否正确，有无漏接、错接之处。检查导线接点是否符合要求，压接是否牢固。

② 用万用表分别对主电路和控制电路进行通路、断路检查。

主电路检查：断开控制电路，分别测 U11、V11、W11 任意两端电阻应为∞，按下交流接触器的触点架时，测得电动机两相绕组的串联直流电阻值（万用表调至 R×1 挡，调零）。检查主电路时，可以手动来代替受电线圈励磁吸合时的情况进行检查。

控制电路检查：将表笔跨接在控制电路两端，测得阻值为∞，说明启动、停止控制回路安装正确；按下 SB2 或按下接触器 KM 触点架，测得接触器 KM 线圈电阻值，说明自锁控制安装正确。（将万用表调至 R×10 挡，或 R×100 挡，调零）。

③ 检查电动机和按钮外壳的接地保护。

④ 检查过载保护。检查热继电器的额定电流值是否与被保护的电动机额定电流相符，若不符，调整旋钮的刻度值，使热继电器的额定电流值与电动机额定电流相符；检查常闭触点是否动作，其机构是否正常可靠；复位按钮是否灵活。

（10）通电试车。接电前必须征得教师同意，并由教师接通电源和现场监护。

① 电源测试。合上电源开关 QS，用测电笔测 FU1、三相电源。

② 控制电路试运行。断开电源开关 QS，确保电动机没有与端子排连接。合上开关 QS，

按下按钮 SB2，接触器主触点立即吸合，松开 SB2，接触器主触点仍保持吸合。按下 SB1，接触器触点立即复位。

③ 带电动机试运行。断开电源开关 QS，接上电动机接线。再合上开关 QS，按下按钮 SB2，电动机运转；按下 SB1，电动机停转。

（11）注意事项。参照任务实施（二）。

三相异步电动机长动控制线路的安装与检测任务单

班级：_____ 组别：_____ 学号：_____ 姓名：_____ 操作日期：_____

安装前准备		
序号	准备内容	准备情况自查
1	知识准备	控制线路图是否熟悉　　　　是□　否□ 安装步骤是否掌握　　　　　是□　否□ 安装注意事项是否熟悉　　　是□　否□ 通电前需检查内容是否熟悉　是□　否□
2	材料准备	电动工具是否齐全　　　　　是□　否□ 熔断器是否完好　　　　　　是□　否□ 闸刀开关是否完好　　　　　是□　否□ 端子排是否完好　　　　　　是□　否□ 仪表是否完好　　　　　　　是□　否□ 控制板大小是否合适　　　　是□　否□ 导线数量是否够用　　　　　是□　否□
检测结果记录		
步骤	内容	数据记录
1	自检和互检发现的问题和解决方案	
2	静电检测结果	开关两端电压和电阻：$U_{QS}=$　　　$R_{QS}=$ 电源接线端电压：$U_{UV}=$　　　$U_{VW}=$　　　$U_{WU}=$ 接线端与外壳之间电压：
3	通电试车	转动情况： 电源相线之间电压：$U_{AB}=$　　　$U_{BC}=$　　　$U_{CA}=$ 接线端之间电压：$U_{UV}=$　　　$U_{VW}=$　　　$U_{WU}=$
4	安装时间	开始时间：　　　　　　　　结束时间： 实际用时：
5	收尾	控制线路正确装配完毕□　　仪表挡位回位□　　　垃圾清理干净□ 凳子放回原处□　　　　　　台面清理干净□
验收		
优秀□　　　良好□　　　中□　　及格□　　　不及格□ 教师签字：　　　　　　　　　　　　日期：		

任务实施标准见任务实施（一）手动控制电路部分。

4. 常见故障及检修

三相异步电动机具有过载保护的接触器自锁正转控制线路的常见故障及维修方法见表 2-6。

表 2-6　三相异步电动机具有过载保护的接触器自锁正转控制线路的常见故障及维修方法

常见故障	故障原因	维修方法
电动机不启动	(1)熔断器熔体熔断 (2)自锁触点和启动按钮串联 (3)交流接触器不动作 (4)热继电器未复位	(1)查明原因排除后更换熔体 (2)改为并联 (3)检查线圈或控制回路 (4)手动复位
发出嗡嗡声,缺相	动、静触头接触不良	对动静触头进行修复
跳闸	(1)电动机绕阻烧毁 (2)线路或端子板绝缘击穿	(1)更换电动机 (2)查清故障点排除
电动机不停车	(1)触头烧损粘连 (2)停止按钮接点粘连	(1)拆开修复 (2)更换按钮
电动机时通时断	(1)自锁触点错接成常闭触点 (2)触点接触不良	(1)改为常开 (2)检查触点接触情况
只能点动	(1)自锁触点未接上 (2)并接到停止按钮上	(1)检查自锁触点 (2)并接到启动按钮两侧

四、知识拓展—顺序控制和多地控制

在生产实践中,根据生产工艺的要求,经常要求各种运动部件之间或生产机械之间能够按顺序工作。比如车床主轴转动时,要求油泵先给润滑油进行润滑;在主轴停止后,油泵方可停止润滑。即要求油泵电动机先启动,主轴电动机后启动,主轴电动机停止后,才允许油泵电动机停止,实现这种控制功能的电路就是顺序控制电路。

在一些设备中,为了方便生产操作和预防突发事故,经常在设备的四周安装多处启动或停止按钮以启动或停止设备,这种控制方式即为多地控制。下面介绍顺序控制和多地控制。

(一) 顺序控制电路

1. 主电路实现电动机顺序控制的电路

如图 2-61 所示为主电路实现电动机顺序控制的电路。图中,电动机 M2 主电路的交流接触器 KM2 接在接触器 KM1 之后,只有 KM1 的主触点闭合后,KM2 才可能闭合,这样就保证了 M1 启动后,M2 才能启动的顺序控制要求。

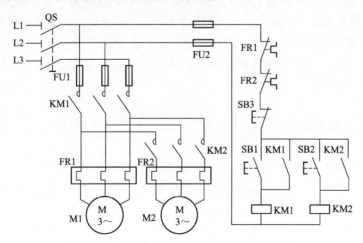

图 2-61　主电路实现电动机顺序控制电路图

电路的工作过程为：合上电源开关 QS。按下 SB1→KM1 线圈得电→KM1 主触点闭合→电动机 M1 启动连续运转→再按下 SB2→KM2 线圈得电→KM2 主触点闭合→电动机 M2 启动连续运转。按下 SB3→KM1 和 KM2 线圈失电，它们的主触点分断→电动机 M2 和 M1 同时停转。

2. 控制电路实现顺序启动、逆序停止控制电路

如图 2-62 所示的电气控制线路图。电动机 2M 的控制电路中串联有接触器 KM1 的辅助动合触点，而 KM2 的常开触点与 SB1 并联，这样就保证了 1M 启动后，2M 才能启动以及 2M 停车后 1M 才能停车的顺序控制要求。

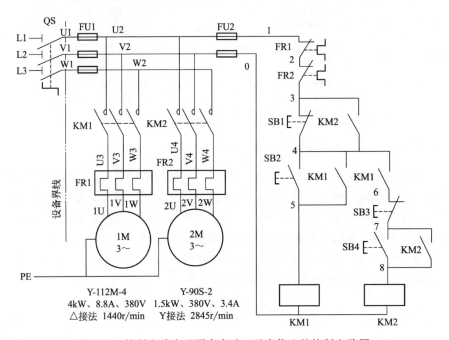

图 2-62　控制电路实现顺序启动、逆序停止的控制电路图

该电路的工作过程为：合上电源开关 QS。按下 SB2→KM1 线圈得电→KM1 主触点闭合→电动机 1M 启动连续运转→再按下 SB4→KM2 线圈得电→KM2 主触点闭合→电动机 2M 启动连续运转。按下 SB3→KM2 线圈失电→KM2 主触点分断和 KM2 两个常开辅助触点断开→电动机 2M 停转→再按下 SB1→KM1 主触点分断和 KM1 两个常开辅助触点断开→电动机 1M 停转。

不同生产机械的控制要求不同，顺序控制电路有多种多样的形式，可以通过不同的电路来实现顺序控制功能，满足生产机械的要求，读者可自行总结。图 2-63 是某车床的顺序控制线路。

3. 故障分析

图 2-63 常见故障主要有：

（1）KM1 不能实现自锁。

分析：原因可能有两个：①KM1 的辅助触点接错，接成常闭触点，KM1 吸合，常闭断开，所以没有自锁；②KM1 常开和 KM2 常闭位置接错，KM1 吸合时 KM2 还未吸合，KM2 的辅助常开是断开的，所以 KM1 不能自锁。

（2）不能实现顺序启动，可以先启动 M2。

分析：M2 可以先启动，说明 KM2 的控制电路中的 KM1 常开互锁辅助触头没起作用，

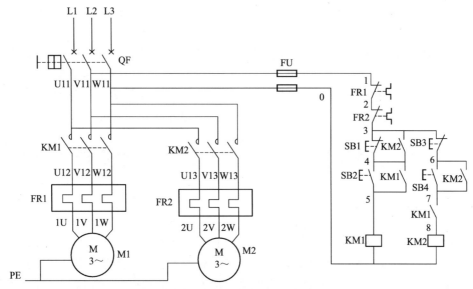

图 2-63 某车床的顺序控制电路图

KM1 的互锁触头接错或没接，这就使得 KM2 不受 KM1 控制而可以直接启动。

（3）不能顺序停止，KM1 能先停止。

分析：KM1 能停止这说明 SB1 起作用，并接的 KM2 常开接点没起作用。原因可能在以下两个地方：①并接在 SB1 两端的 KM2 辅助常开触点未接；②并接在 SB1 两端的 KM2 辅助触点接成了常闭触点。

（4）SB1 不能停止。

分析：原因可能是 KM1 接触器用了两个辅助常开触点，KM2 只用了一个辅助常开触点，SB1 两端并接的不是 KM2 的常开而是 KM1 的常开，由于 KM1 自锁后常开触点闭合所以 SB1 不起作用。

特别提示：

（1）若要求甲接触器 KM1 动作后乙接触器 KM2 才能动作，则将甲接触器的常开触点串在乙接触器的线圈电路。

（2）若要求乙接触器 KM2 停止后甲接触器 KM1 才能停止，则将乙接触器的常开触点并接在甲接触器停止按钮的两端。

（二）多地控制电路

如图 2-64 所示为两地控制的具有过载保护接触器自锁正转控制电路图。其中 SB12、SB11 为安装在甲地的启动按钮和停止按钮；SB22、SB21 为安装在乙地的启动按钮和停止按钮。线路的特点是：两地的启动按钮 SB12、SB22 并联接在一起；停止按钮 SB11、SB21 串联接在一起。这样就可以分别在甲、乙两地启动和停止同一台电动机，达到操作方便之目

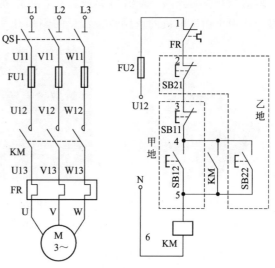

图 2-64 多地控制电路图

的。对三地或多地控制，只要把各地的启动按钮并接、停止按钮串接就可以实现。

线路工作过程为：

合上电源开关 QS。按下甲地启动按钮 SB12（或乙地启动按钮 SB22）→KM 线圈得电→KM 主触点闭合及其常开自锁触点闭合→电动机 M 启动连续运转。实现甲乙两地都可以启动。

按下甲地停车按钮 SB11（或乙地停车按钮 SB21）→KM 线圈失电→KM 主触点断开及其常开自锁触点断开→电动机 M 停止运转。实现甲乙两地都可以停车。

任务 5　三相异步电动机正反转电路的安装与检测

一、任务描述与目标

在实际生产中，许多机械设备要求运动部件实现正反两个方向上的运动，如起重机的上升和下降，万能铣床的正转与反转等，这些生产机械都要求电动机实现正反转控制。由三相异步电动机的工作原理可知，当改变通入电动机定子绕组中三相电的相序时，即把接电动机的三相电源进线中的任意两根对调接线时，电动机就可以反转。在生产中常用低压电器元件，如倒顺开关或万能转换开关、接触器与按钮等实现电动机的正反转控制。

本任务的学习目标是：

（1）熟悉能实现电动机正反转的控制方法。

（2）能够读懂电动机正反转的控制线路图，熟悉其中典型的控制方法。

（3）知道电动机正反转控制线路需用到的低压电器种类，并能够识别这些低压电器，知道这些低压电器的工作原理。

（4）会安装、检测电动机的正反转控制线路。

（5）熟悉在电动机正反转电路中容易出现的故障，并能对其进行排除。

二、相关知识

（一）倒顺开关

倒顺开关是连通、断开电源或负载，可以使电机正转或反转的一种低压电气元件，主要用于三相小功率电机的正反转。常见的倒顺开关如图 2-65 所示。

(a) 外形　　　(b) 内部结构　　　(c) 接线图

图 2-65　倒顺开关

一般的三相倒顺开关有两排六个端子，调相通过中间触头换向接触，使三相电分别以 A—B—C 或 A—C—B 的顺序输出，从而达到换相目的。倒顺开关共有三个位置，向左右转动时，开关接通；转动到中间位置时，三相电源断开。图 2-65(c) 所示为 HY2 系列倒顺开关的接线图。

（二）万能转换开关

万能转换开关主要用于各种控制线路的转换、电压表、电流表的换相测量控制、配电装置线路的转换和遥控等。万能转换开关还可以用于直接控制小容量电动机的启动、调速和换向。其实物图如图 2-66 所示。

图 2-66　万能转换开关

万能转换开关是由多组相同结构的触点组件叠装而成的多回路控制电器，它由操作机构、定位装置、触点、接触系统、转轴、手柄等部件组成，其结构如图 2-67 所示。触点在绝缘基座内，为双断点触头桥式结构，动触点设计成自动调整式以保证通断时的同步性，静触点装在触点座内。使用时依靠凸轮和支架进行操作，控制触点的闭合和断开，具体为用手柄带动转轴和凸轮推动触头接通或断开。由于凸轮的形状不同，当手柄处在不同位置时，触头的吻合情况不同，从而达到转换电路的目的。

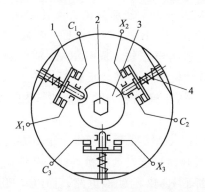

图 2-67　万能转换开关的结构及图形符号
1—触点；2—转轴；3—凸轮；4—触点弹簧

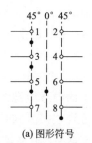

(a) 图形符号

LW5-15D0403/2			
触点编号		45°	0°	45°
⊸⊸	1—2	×		
⊸⊸	3—4	×		
⊸⊸	5—6	×	×	
⊸⊸	7—8			×

(b) 触点通断表

图 2-68　LW5 型万能转换开关的
图形符号和触点通断表

万能转换开关的手柄操作位置是以角度表示的。由于其触点的分合状态与操作手柄的位置有关，所以，除在电路图中画出触点图形符号外，还应画出操作手柄与触点分合状态的关系。如图 2-68 所示是 LW5 型万能转换开关的图形符号和触点通断表。图形符号中有 6 个回路，3 个挡位连线下有黑点"·"的，表示这条电路是接通的。在触点通断表中用"×"表示被接通的电路，空格表示转换开关在该位置时此路是断开的。当万能转换开关打向左 45°时，触点 1—2、3—4、5—6 闭合，触点 7—8 断开；打向 0°时，只有触点 5—6 闭合，右 45°时，触点 7—8 闭合，其余断开。

（三）常用正反转线路

1. 万能转换开关正、反转控制线路

对于不频繁启动的小功率电动机可以采用万能转换开关来控制其正反转。这种控制方法线路简单，操作方便，如图 2-69 所示。图中万能转换开关 QS 处于中位时，三相电源没有接通，电动机停止。当开关手柄置于 1 位时，接通了三相电源，电动机开始正转。当开关手柄置于 2 位时，与上面处于 1 位时相比较，进入到电动机的电源线有两相进行了交换，即最左边和最右边互换了，从而改变了进入电动机的电源相序，使电动机反向运行。

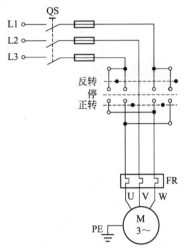
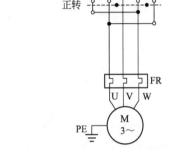

图 2-69　万能开关控制的正反转电路　　　　图 2-70　接触器互锁的正反转控制线路

2. 接触器互锁正反转控制线路

图 2-70 为接触器互锁的正反转控制线路。图中 KM1、KM2 分别为正、反转接触器，它们的主触点接线的相序不同，KM1 按 U—V—W 相序按线，KM2 按 V—U—W 相序接线。当按下 SB2 时，KM1 线圈得电，主触点闭合，电动机得电正转，同时 KM1 辅助触点闭合自锁，按下 SB1 按钮，KM1 失电，主触点释放，电动机断电停转。反转时，按下 SB3 按钮，KM2 线圈得电，主触点闭合，电动机得电反转，KM2 辅助触点自锁，按下 SB1 按钮，KM2 失电，主触点释放，电动机停转。

为防止两个接触器同时得电而导致电源短路，在 KM1、KM2 线圈中互串一个对方的动断触点以构成相互制约关系，这种连接方式称之为互锁或联锁，这对动断触点称为互锁触点或联锁触点。当电动机正转时，KM1 辅助动断触点切断了 KM2 的线圈电路，而电动机反转时，KM2 动断触点切断了 KM1 线圈的电路。此时即便错按了反向启动按钮，也不会使 KM1、KM2 线圈同时得电，可以避免发生短路事故。

3. 按钮、接触器双重互锁的正反转控制线路

图 2-70 所示的接触器互锁正反转控制线路中，在正转过程中要求反转时必须先按下停止按钮 SB1，让 KM1 线圈断电后，才能按反转按钮使电动机反转，这给操作带来了不便。为了解决这个问题，在生产上常采用如图 2-71 所示的复式按钮和触点双重互锁的控制线路。

双重互锁的正反转控制电路的单向启动运行原理与接触器联锁正反转控制线路的一样。当电动机正在正向运行时，按下 SB3 按钮，其常闭触点将会断开 KM1 线圈的电路，KM1 主触点释放、互锁触点恢复闭合，电动机失电，同时 SB3 的常开触点闭合接通 KM2 线圈，KM2 得电自锁，KM2 主触点闭合，电动机得电反转。如果电动机正在反向运行，直接按下 SB2 按钮可以实现反转到正转的切换。

在图 2-71 中，接触器动断触点组成的互锁，称为"电气互锁"，按钮 SB2 和 SB3 的动

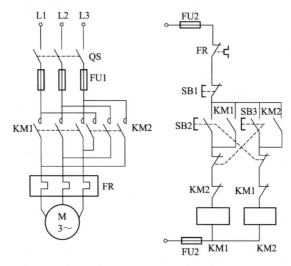

图 2-71 复式按钮和触点双重互锁的正反转控制电路

断触点组成机械互锁。这种既有"电气互锁",又有"机械互锁"的电路,叫做"双重互锁"。控制线路中,两种"互锁"同时发生故障的概率很低,确保两个接触器不会同时工作而使相间短路,所以这种线路可靠性高,且操作方便,常用在电力拖动控制系统中。

三、任务实施

(一) 电气互锁的三相异步电动机正反转电路

1. 任务实施要求

掌握电气互锁的三相异步电动机正反控制线路的安装与检测。

2. 任务实施所需设备

(1) 电工常用工具。测电笔、电工钳、尖嘴钳、斜口钳、螺钉旋具(一字形与十字形)、电工刀、校验灯等。

(2) 仪表。MF500 型万用表(或数字式万用表 DT980)。

(3) 导线。主电路采用 BV1.5mm² (红色、绿色、黄色);控制电路采用 BV1mm² (黑色);按钮线采用 BVR0.75mm² (红色);接地线采用 BVR1.5mm² (黄绿双色)。导线数量由教师根据实际情况确定。

(4) 所需的电气元件。见表 2-7。

表 2-7 电气元件明细表

代号	名称	推荐型号	推荐规格	数量
M	三相异步电动机	Y112M-4	4kW、380V、△接法、8.8A、1440r/min	1
QS	组合开关	HZ10-25/3	三相、额定电流 25A	1
FU1	螺旋式熔断器	RL1-60/25	380V、60A、配熔体额定电流 25A	3
FU2	螺旋式熔断器	RL1-15/2	380V、15A、配熔体额定电流 2A	2
KM	交流接触器	CJ10-20	20A、线圈电压 380V	2
FR	热继电器	JR16-20/3	三极、20A、整定电流 8.8A	1
SB	按钮	LA10-3H	保护式、500V、5A、按钮数 3、复合按钮	3
XT	端子排	JX2-1010	10A、10 节、380V	1

（5）控制板一块（600mm×500mm×20mm）。

3. 任务实施步骤

（1）固定电气元件

配齐元件之后，按图 2-72 进行电气元件安装。

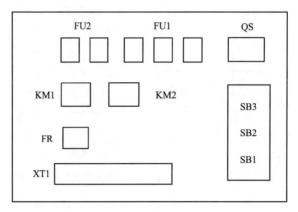

图 2-72　电气互锁控制线路的平面布置图

（2）连接电路

按图 2-70 连接电路，接好之后的控制电路如图 2-73 所示。

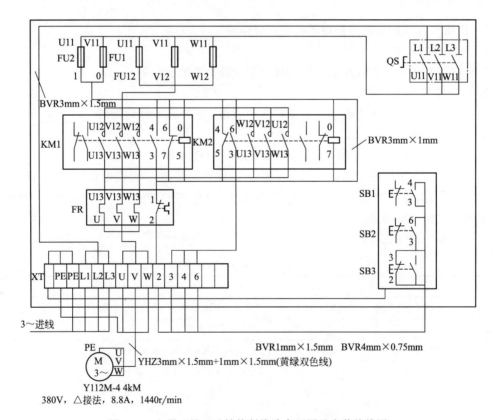

图 2-73　电器互锁正反转控制线路布置图及安装接线图

（3）自检和互检电路的连接情况

（4）静电检测

将结果填入任务单中。

① 用万用表测 QS 两端的电压与电阻。

② 用万用表测电动机电源接线端之间的电压及电动机接线端与机壳之间的电压。

（5）通电试车

在老师检查同意后，闭合 QS，按下 SB2，观察电动机启动情况，然后按下 SB1，使电动机停车之后，再按下 SB3，观察电动机的旋转方向的改变，用万用表测量两相线之间的电压和电动机两接线端之间的电压，记录两个测量结果并进行比较。

电气互锁三相异步电动机正反转线路的安装与检测任务单

班级：_____　组别：_____　学号：_____　姓名：_____　操作日期：_____

安装前准备		
序号	准备内容	准备情况自查
1	知识准备	控制线路图是否熟悉　　是□　否□ 安装步骤是否掌握　　　是□　否□ 安装注意事项是否熟悉　是□　否□ 通电前需检查内容是否熟悉　是□　否□
2	材料准备	电动工具是否齐全　　是□　否□ 熔断器是否完好　　　是□　否□ 闸刀开关是否完好　　是□　否□ 端子排是否完好　　　是□　否□ 仪表是否完好　　　　是□　否□ 控制板大小是否合适　是□　否□ 导线数量是否够用　　是□　否□
检测结果记录		
步骤	内容	数据记录
1	自检和互检发现的问题和解决方案	
2	静电检测结果	开关两端电压和电阻：$U_{QS}=$　　　$R_{QS}=$ 电源接线端电压：　$U_{UV}=$　　　$U_{VW}=$　　　$U_{WU}=$ 接线端与外壳之间电压：
3	通电试车	转动情况： 电源相线之间电压：$U_{AB}=$　　　$U_{BC}=$　　　$U_{CA}=$ 接线端之间电压：$U_{UV}=$　　　$U_{VW}=$　　　$U_{WU}=$
4	安装时间	开始时间：　　　　　　　　　　结束时间： 实际用时：
5	收尾	控制线路正确装配完毕□　　仪表挡位回位□　　垃圾清理干净□ 凳子放回原处□　　　　　台面清理干净□
验收		
优秀□　　良好□　　中□　　及格□　　不及格□ 教师签字：　　　　　　　　　日期：		

（6）任务实施标准见全压启动控制线路。

（二）三相异步电动机双重互锁控制线路的安装与检测

1. 任务实施要求

掌握三相异步电动机双重互锁控制线路的安装与检测。

2. 任务实施所需设备

（1）电气元件

所用电气元件见表 2-8。

表 2-8 电气元件明细表

代号	名称	推荐型号	推荐规格	数量
M	三相异步电动机	Y112M-4	4kW、380V、△接法、8.8A、1440r/min	1
QS	组合开关	HZ10-25/3	三相、额定电流 25A	1
FU1	螺旋式熔断器	RL1-60/25	380V、60A、配熔体额定电流 25A	3
FU2	螺旋式熔断器	RL1-15/2	380V、15A、配熔体额定电流 2A	2
KM	交流接触器	CJ10-20	20A、线圈电压 380V	2
FR	热继电器	JR16-20/3	三极，20A、整定电流 8.8A	1
SB	按钮	LA10-3H	保护式、500V、5A、按钮数 3、复合按钮	1
XT	端子排	JX2-1015	10A、15 节、380V	1

（2）工具

电笔、螺丝刀、尖嘴钳、斜口钳、剥线钳、电工刀等。

（3）仪表

MF500 型万用表（或数字式万用表 DT980）。

（4）器材

① 控制板一块（600mm×500mm×20mm）。

② 导线规格：主电路采用 BV1.5mm² （红色、绿色、黄色）；控制电路采用 BV1mm²
（黑色）；按钮线采用 BVR0.75mm² （红色）；接地线采用 BVR1.5mm² （黄绿双色）。导线
数量由教师根据实际情况确定。

③ 紧固体和编码套管按实际需要发给。

3. 任务实施步骤及工艺要求

（1）绘制并读懂双重互锁正、反转电动机控制线路电路图，给线路元件编号，明确线路
所用元件及作用。

（2）按表 2-8 配置所用电气元件并检验型号及性能。

（3）在控制板上按布置图 2-72 安装电气元件，并标注上醒目的文字符号。

（4）根据步骤（1）中绘制出的控制线路（见图 2-71）进行板前明线布线和套编码套
管。板前明线布线的工艺要求参照本项目任务 4 中相关内容。

（5）根据电路图检查控制板布线的正确性。

（6）安装电动机。

（7）连接电动机和按钮金属外壳的保护接地线。

（8）连接电源、电动机等控制板外部的导线。

（9）自检。

① 主电路的检查。

按查线号法检查。重点检查交流接触器 KM1 和 KM2 之间的换相线，并用查线法逐线

核对。检查主电路时，可以手动来代替受电线圈励磁吸合时的情况进行检查。

万用表检查法。将万用表打到 R×10 挡（调零），断开控制线路（断开 FU2），用表笔分别测 U11、V11、W11 之间的阻值为∞；按下 KM1 触点架，测得阻值应为电动机两相绕组直流电阻串联的阻值；松开 KM1 的触点架，按下 KM2 触点架，测得同样结果；最后用表笔测 U11 和 W11 两端，按下 KM1 触点架，测得电动机两相绕组直流电阻串联的阻值，将 KM1 和 KM2 触点架同时按下，测得阻值为零，说明换相正确。

② 控制线路的检查。用查线号法对照原理和接线图分别检查按钮、自锁触点和联锁触点的布线；用万用表检查控制电路，连接 FU2，检查自锁触点、互锁触点、按钮、热继电器常闭触点、熔断器等的通断情况。

③ 检查启动、停止和按钮控制。按下 SB2 测得 KM1 线圈的电阻值，同时按下 SB1，测得阻值为∞。同时按下 SB2 和 SB3 测得阻值为∞，松开 SB2，测得 KM2 线圈的阻值。

④ 检查自锁、互锁控制。按下 KM1 触点架，测得 KM1 线圈的电阻值，同时按下 KM2 触点架，测得阻值为∞。反之，按下 KM2 触点架，测得 KM2 线圈阻值，同时按下 KM1 触点架，测得阻值为∞。

（10）通电试车。接电前必须征得教师同意，并由教师接通电源和现场监护。

做好线路板的安装检查后，按安全操作规定进行试运行，即一人操作，一人监护。

先合上 QS，检查三相电源。再确保电动机不接入的情况下，按 SB2，接触器 KM1 触点架吸合，按下 SB3 接触器 KM1 释放，KM2 触点架吸合。按下 SB1，接触器 KM2 释放。

断开 QS，接上电动机。再合上 QS，按下 SB2，电动机正转。按下 SB3，电动机反转。按下 SB1，电动机停转。

（11）注意事项。

① 电动机必须安放平稳，以防止在可逆运转时产生滚动而引起事故，并将其金属外壳可靠接地。

② 要注意主电路必须进行换相，否则，电动机只能进行单向运转。

③ 要特别注意接触器的互锁触点不能接错；否则将会造成主电路中二相电源短路事故。

④ 接线时，不能将正、反转接触器的自锁触点进行互换；否则只能进行点动控制。

⑤ 通电校验时，应先合上 QS，再检验 SB2（或 SB3）及 SB1 按钮的控制是否正常，并在按 SB2 后再按 SB3，观察有无联锁作用。

⑥ 应做到安全操作。

三相异步电动机双重互锁控制线路的安装与检测任务单

班级：_____ 组别：_____ 学号：_____ 姓名：_____ 操作日期：_____

安装前准备		
序号	准备内容	准备情况自查
1	知识准备	控制线路图是否熟悉　　是□　否□ 安装步骤是否掌握　　是□　否□ 安装注意事项是否熟悉　　是□　否□ 通电前需检查内容是否熟悉　　是□　否□
2	材料准备	电动工具是否齐全　　是□　否□ 各元件是否完好　　是□　否□ 端子排是否完好　　是□　否□ 仪表是否完好　　是□　否□ 控制板大小是否合适　　是□　否□ 导线数量是否够用　　是□　否□

续表

检测结果记录		
步骤	内容	数据记录
1	自检和互检发现的问题和解决方案	
2	静电检测结果	开关两端电压和电阻：$U_{QS}=$ $R_{QS}=$ 电源接线端电压： $U_{UV}=$ $U_{VW}=$ $U_{WU}=$ 接线端与外壳之间电压：
3	通电试车	转动情况： 电源相线之间电压：$U_{AB}=$ $U_{BC}=$ $U_{CA}=$ 接线端之间电压：$U_{UV}=$ $U_{VW}=$ $U_{WU}=$
4	安装时间	开始时间： 结束时间： 实际用时：
5	收尾	控制线路正确装配完毕□ 仪表挡位回位□ 垃圾清理干净□ 凳子放回原处□ 台面清理干净□
验收		
优秀□ 良好□ 中□ 及格□ 不及格□ 教师签字： 日期：		

任务实施标准见手动控制线路。

4. 常见故障分析

该电路故障发生率比较高。常见故障主要有以下几方面原因。

(1) 接通电源后，按启动按钮（SB1 或 SB2），接触器吸合，但电动机不转且发出"嗡嗡"声响；或者虽能启动，但转速很慢。

分析：这种故障大多是主回路一相断线或电源缺相。

(2) 控制电路时通时断，不起互锁作用。

分析：互锁触点接错，在正、反转控制回路中均用自身接触器的常闭触点做互锁触点。

(3) 按下启动按钮，电路不动作。

分析：互锁触点用的是接触器常开辅助触点。

(4) 电动机只能点动正转控制。

分析：自锁触点用的是另一接触器的常开辅助触点。

(5) 按下 SB2，KM1 剧烈振动，不能稳定吸合。

分析：互锁触点（常闭触点）接到自身线圈的回路中。接触器吸合后常闭接点断开，接触器线圈断电释放，释放常闭接点又接通，接触器又吸合，接点又断开，所以会出现"叭哒"接触器不吸合的现象。

(6) 在电机正转或反转时，按下 SB3 不能停车。

分析：原因可能是 SB3 失效。

(7) 合上 QS 后，熔断器 FU2 马上熔断。

分析：原因可能是 KM1 或 KM2 线圈、触头短路。

（8）合上 QS 后，熔断器 FU1 马上熔断。

分析：原因可能是 KM1 或 KM2 短路，或电机相间短路，或正、反转主电路换相线接错。

（9）按下 SB1 后电机正常运行，再按下 SB2，FU1 马上熔断。

分析：原因是正、反转主电路换相线接错或 KM1、KM2 常闭辅助触头联锁不起作用。

四、知识拓展——行程开关控制的往复循环控制线路的安装与检测

根据生产机械的运动部件的位置或行程进行控制称为行程控制。生产机械的某个运动部件，如机床的工作台，需要在一定的范围内往复循环运动，以便连续加工。这种情况要求拖动运动部件的电动机必须能自动地实现正、反转控制。

（一）行程开关

行程开关又称位置开关或限位开关，它是依据生产机械的行程发出命令以控制生产机械运行方向或行程长短的主令电器。若将其安装于生产机械终点处，以限制生产机械的行程则称之为行程开关或终点开关。行程开关按结构不同可以分为直动式、滚轮式和微动式，它们的结构基本相同，主要区别在于传动机构。常用行程开关的外形如图 2-74 所示。图形及文字符号如图 2-75 所示。

图 2-74　常用行程开关的外形

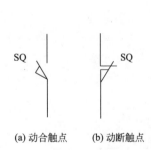

(a) 动合触点　　(b) 动断触点

图 2-75　行程开关图形及文字符号

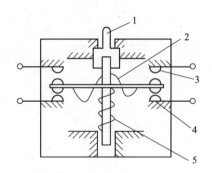

图 2-76　微动式行程开关的结构原理图
1—推杆；2—弹簧；3—动合触点；4—动断触点；5—压缩弹簧

微动开关是具有瞬时动作和微小行程的行程开关，结构如图 2-76 所示。当推杆被压下时，弹簧片产生变形，储存能量并产生位移，当达到预定的临界点时，弹簧片连同触点一起动作。当外力消失时，推杆在弹簧片的作用下迅速复位，触点恢复原状。

直动式行程开关的结构、工作原理与按钮相同，有自动复位式和非自动复位式两种。单轮旋转式行程开关的结构原理如图 2-77 所示。当运动机构的挡铁压到行程开关的滚轮时，

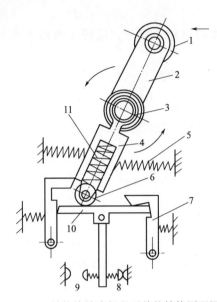

图 2-77 单轮旋转式行程开关的结构原理图
1—滚轮；2—上转臂；3—盘形弹簧；4—套架；
5,11—弹簧；6—小滚轮；7—压板；
8,9—触点；10—横板

传动杠杆连同转轴一起运动，凸轮推动撞块使常闭触点断开，常开触点闭合。挡铁移开后，复位弹簧使其复位（双轮旋转式不能自动复位）。

（二）行程开关控制的往复循环控制线路

1. 电气原理图

行程开关控制的电动机正、反转自动循环控制线路如图 2-78 所示。为了使电动机的正、反转控制与工作台的左右运动相配合，在控制线路中设置了四个行程开关 SQ1、SQ2、SQ3 和 SQ4，并把它们安装在工作台需限位的地方。其中 SQ1、SQ2 被用来自动换接电动机正、反转控制电路，实现工作台的自动往返行程控制；SQ3、SQ4 被用来作限位保护，以防止 SQ1、SQ2 失灵，工作台越过限定位置而造成事故。在工作台边的 T 形槽中装有两块挡铁，挡铁 1 只能和 SQ1、SQ3 相碰撞，挡铁 2 只能和 SQ2、SQ4 相碰撞。当工作台运动到所限位置时，挡铁碰撞位置开关，使其触头动作，自动换接电动机正、反转控制电路，通过机械传动机构使工作台自动往返运动。工作台行程可通过移动挡铁位置来调节，减少两块挡铁间的距离，行程就短，反之则长。

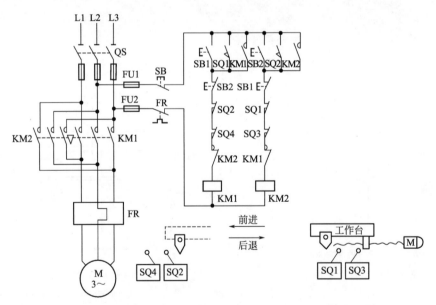

图 2-78 行程开关控制的三相异步电动机正、反转自动循环控制线路

2. 工作过程

先合上电源开关 QS，按下前进启动按钮 SB1→接触器 KM1 线圈得电→KM1 主触点和自锁触点闭合→电动机 M 正转→带动工作台前进→当工作台运行到 SQ2 位置时→撞块压下 SQ2→其常闭触点断开（常开触点闭合）→使 KM1 线圈断电→KM1 主触点和自锁触点断开，

KM1 动合触点闭合→KM2 线圈得电→KM2 主触点和自锁触点闭合→电动机 M 因电源相序改变而变为反转→拖动工作台后退→当撞块又压下 SQ1 时→KM2 断电→KM1 又得电动作→电动机 M 正转→带动工作台前进，如此循环往复。按下停车按钮 SB，KM1 或 KM2 接触器断电释放，电动机停止转动，工作台停止。SQ3、SQ4 为极限位置保护的限位开关，防止 SQ1 或 SQ2 失灵时，工作台超出运动的允许位置而产生事故。

（三）所需设备

1. 电气元件

所需电气元件见表 2-9。

表 2-9　电气元件明细表

代号	名称	推荐型号	推荐规格	数量
M	三相异步电动机	Y112M-4	4kW、380V、△接法、8.8A、1440r/min	1
QS	组合开关	HZ10-25/3	三相、额定电流 25A	1
FU1	螺旋式熔断器	RL1-60/25	380V、60A、配熔体额定电流 25A	3
FU2	螺旋式熔断器	RL1-15/2	380V、15A、配熔体额定电流 2A	2
KM	交流接触器	CJ10-20	20A、线圈电压 380V	2
SQ	位置开关	JLXK1-111	单轮旋转式	4
FR	热继电器	JR16-20/3	三极，20A、整定电流 8.8A	1
SB	按钮	LA10-3H	保护式、500V、5A、按钮数 3	3
XT	端子排	JX2-1015	10A、15 节、380V	1
	走线槽		18mm×25mm	若干

2. 工具

测电笔、螺丝刀、尖嘴钳、斜口钳、剥线钳、电工刀等。

3. 仪表

MF500 型万用表（或数字式万用表 DT980）。

4. 器材

（1）控制板一块（600mm×500mm×20mm）。

（2）导线。规格：主电路采用 BV1.5mm² （红色、绿色、黄色）；控制电路采用 BV1mm² （黑色）；按钮线采用 BVR0.75mm² （红色）；接地线采用 BVR1.5mm² （黄绿双色）。导线数量由教师根据实际情况确定。

（3）紧固体和编码套管按实际需要发给。

（四）安装步骤及工艺要求

安装步骤、工艺要求、任务单及实施标准见双重互锁控制电路。

任务6　笼型异步电动机降压启动控制电路的安装与检测

一、任务描述与目标

在实际应用中，若笼型异步电动机的额定功率超出了允许直接启动的范围，则应采用降压启动。所谓降压启动，是借助启动设备将电源电压适当降低后加在定子绕组上进行启动，待电动机转速升高到接近稳定时，再使电压恢复到额定值，转入正常运行。

本任务的学习目标是：

（1）熟悉对电动机的启动要求，知道什么样的电动机不能直接启动；

（2）熟悉三相异步电动机降压启动的常用方法；

（3）熟悉三相异步电动机常用降压启动控制线路所需的低压电器，能够读懂电动机的降压启动控制线路；

（4）会连接、检测三相异步电动机降压启动的控制线路。

二、相关知识

异步电动机的启动就是其转速从零开始到稳定运行为止的一个过渡过程。异步电动机的启动过程对电动机的寿命、电网的稳定性等都有直接的影响。一台异步电动机若直接接至电源启动，在电动机转子绕组和定子绕组中都会产生很大的电流，将会达到额定电流值的4～7倍，这么大的电流将会导致：①电压损失过大、启动转矩不够使电动机根本无法启动；②使电动机绕组发热、绝缘老化，从而缩短电动机的使用寿命；③造成过电流保护装置动作，跳闸；④使电网电压产生波动，影响连接在电网上其他设备的正常运行。因此，电动机启动时，应限制启动电流的大小，但也要保证电动机有一定大小的启动转矩可以启动电动机，这也是对异步电动机启动最基本的要求。

实际应用中，若是小型笼型异步电动机，且电源容量相对足够大时，可采用直接启动的方法，即可将电动机的定子绕组通过刀开关直接接至电源上。从电动机容量的角度讲，通常认为满足下列条件之一的即可直接启动，否则应采用降压启动的方法。

（1）容量在10kW以下；

（2）符合下列经验公式：$\dfrac{I_{ST}}{I_N}<\dfrac{3}{4}+\dfrac{供电变压器容量（kVA）}{4×启动电动机功率}$

降压启动的目的是减小启动电流以及对电网的不良影响，但它同时又降低了启动转矩，所以这种启动方法只适用于空载或轻载启动时的笼型异步电动机。笼型异步电动机降压启动的方法通常有定子绕组串电阻或电抗器降压启动、定子绕组串自耦变压器降压启动、Y-△变换降压启动、延边三角形降压启动四种方法。绕线式异步电动机可在转子回路中串接电阻器或频敏变阻器实现减小启动电流的目的。

（一）三相异步电动机的接线

三相异步电动机的定子绕组共有六个引线端，分别固定在接线盒内的接线柱上，各相绕组的始端分别用 U_1、V_1、W_1 表示；末端用 U_2、V_2、W_2 表示。定子绕组的始末端在机座接线盒内的排列次序如图 2-79 所示。

定子绕组有星形和三角形两种接法。若将 U_2、V_2、W_2 接在一起，U_1、V_1、W_1 分别接到 A、B、C 三相电源上，电动机为星形接法，实际接线与原理接线如图 2-80 所示。

如果将 U_1 接 W_2，V_1 接 U_2，W_1 接 V_2，然后分别接到三相电源上，电动机就是三角形接法，如图 2-81 所示。

在生产实践中，先进行电动机的安装固定，装接好控制板（箱）之后，三相电源线外要套装保护钢管，最后与电动机的接线螺栓相连，如图 2-82 所示。

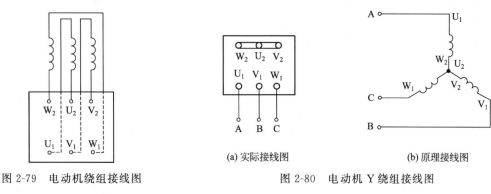

图 2-79　电动机绕组接线图　　　　　　　　　图 2-80　电动机 Y 绕组接线图

(a) 实际接线图　　　　　　　　　　　　　　　(b) 原理接线图

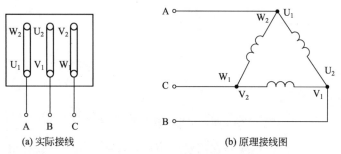

(a) 实际接线　　　　　　　　　　　　(b) 原理接线图

图 2-81　电动机三角形绕组接线图

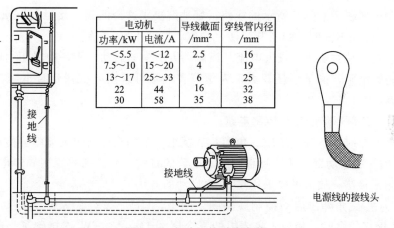

电动机		导线截面 /mm²	穿线管内径 /mm
功率/kW	电流/A		
<5.5	<12	2.5	16
7.5～10	15～20	4	19
13～17	25～33	6	25
22	44	16	32
30	58	35	38

图 2-82　电动机的引线安装

（二）定子绕组回路串电阻或电抗器降压启动

定子回路串电阻或电抗器降压启动是指在电动机启动时，把电阻或电抗器串接在电动机定子绕组与电源之间，通过电阻或电抗器的分压作用来降低定子绕组上的启动电压；待电动机启动后，再将电阻或电抗器短接，使电动机在额定电压下正常运行。串电阻或电抗器降压启动的缺点是减小了电动机的启动转矩，同时启动时在电阻或电抗器上功率消耗也较大，如果启动频繁，则电阻或电抗器的温度很高，对于精密的机床会产生一定影响，故这种降压启动方法在生产实际中的应用正逐步减少。

如图 2-83(a) 所示是笼型异步电动机以时间为变化参量控制启动的线路。合上刀开关 QS，按下启动按钮 SB2，KM1 立即通电吸合并自锁，其主触点闭合使电动机在串接电阻 R 的情况下启动。与此同时，时间继电器 KT 通电，经延时后其延时闭合的常开触点闭合，使 KM2 通电吸合，KM2 的主触点闭合将启动电阻短接，电动机在额定电压下运行。

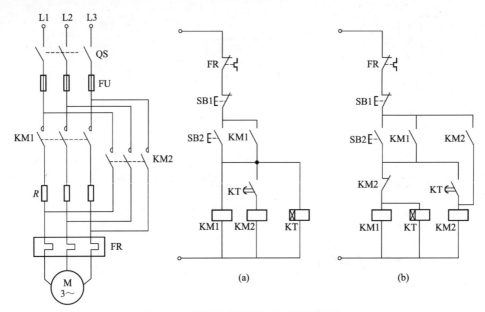

图 2-83　定子串电阻降压启动控制电路

由图 2-83(a) 可以看出，本线路在启动结束后，KM1、KT 一直得电动作，这是不必要的。如果能使 KM1、KT 在电动机启动结束后断电，可减少能量损耗，延长接触器、继电器的使用寿命。如图 2-83(b) 所示的线路很好地解决了这个问题。接触器 KM2 得电后，其常闭触点将 KM1 和 KT 的线圈断开，使之失电，同时 KM2 自锁。

由于电动机启动时要通过较大电流，该启动方法中的启动电阻一般采用由电阻丝绕制的板式电阻或铸铁电阻，能量消耗较大，为了节省能量可采用电抗器代替电阻，但其价格较贵，成本较高。

（三）星形-三角形降压启动控制电路

凡是正常运行时定子绕组接成三角形，且绕组六个抽头均引出的笼型异步电动机，都可采用星-三角的降压启动方法来达到限制启动电流的目的。Y 系列的笼型异步电动机 4kW 以上者均为三角形接法，故都可以采用星-三角启动的方法。

图 2-84 为星-三角降压启动控制线路图。图中，UU′、VV′、WW′ 为电动机三相绕组，当 KM3 的主触点闭合时，相当于将绕组的三个尾端 U′、V′、W′ 连接到了一起，此时为星形接法。当 KM2 闭合时，相当于把 U 与 V′、V 与 W′、W 与 U′ 分别连在一起，三相绕组头尾相连，为三角形接法。

当合上刀开关 QS 以后，按下启动按钮 SB2，接触器 KM1、KM3 和 KT 三线圈得电，KM1 自锁，电动机星形启动。经 KT 延时，其延时断开常闭触点断开，切断 KM3 线圈电路，KM3 断电释放，其主触点和辅助触点复位。KT 的动合延时常开触点闭合，使 KM2 线圈通电并自锁，KM2 主触点闭合，将电动机接成三角形运行，KM2 常闭触点将 KT 线圈从电路中断开。图中的 KM2、KM3 采用互锁控制，防止同时得电而造成电源短路。

星-三角降压启动时，定子绕组在星形连接状态下的启动电压为三角形直接启动电压的 $1/\sqrt{3}$，启动电流也为三角形直接启动的 $1/3$，启动转矩为三角形直接启动转矩的 $1/3$。与其他降压启动相比，星-三角降压启动投资少，线路简单，操作方便，但电动机启动转矩较小。这种方法适合电动机的空载或轻载启动，故多在轻载或空载启动的机床电路中应用。

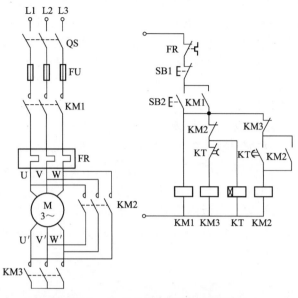

图 2-84 星-三角降压启动控制线路

（四）自耦变压器降压启动控制线路

自耦变压器按星形接线，启动时将电动机定子绕组接到自耦变压器二次侧。这样，电动机定子绕组得到的电压即为自耦变压器的二次电压。当启动完毕时，自耦变压器被切除，额定电压直接加到电动机定子绕组上，电动机进入全压正常运行。改变自耦变压器抽头的位置可以获得不同启动电压，在实际应用中，自耦变压器一般有 65％、85％等抽头。

图 2-85 所示为自耦变压器降压启动控制线路。KM1、KM2 为降压接触器，KM3 为正常运行接触器，KT 为时间继电器，K 为中间继电器。

合上电源开关 QS，按下启动按钮 SB2，KM1、KM2 及 KT 线圈通电并通过 KM1 的辅助动合触点自锁，KM1、KM2 主触点闭合将自耦变压器接入，电动机降压启动。经过 KT 延时，其延时闭合常开触点闭合，中间继电器 K 通电动作并自锁，K 的动断触点将 KM1、

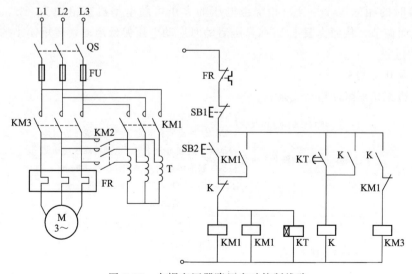

图 2-85 自耦变压器降压启动控制线路

KM2、KT 的线圈断开，KM1、KM2 失电，主触点断开，将自耦变压器切除。同时，K 的动合触点闭合使 KM3 线圈通电动作，KM3 主触点闭合，电动机得电全压下运行。

自耦变压器降压启动适用于容量较大的电动机，其绕组可以是星形连接也可以是三角形连接。启动转矩可以通过改变抽头的连接位置得到改变。它的缺点是自耦变压器价格较贵，而且不允许频繁启动。

(五) 延边三角形降压启动

1. 延边三角形降压启动电路工作原理

延边三角形降压启动控制线路适用于笼型异步电动机。电动机启动时，把定子绕组的一部分接成"△"形，另一部分接成"Y"形，使整个绕组接成延边三角形，如图 2-86(a) 所示；待电动机启动后，再把定子绕组改接成三角形 [如图 2-86(b) 所示] 全压运行的控制线路。这种启动方法称为延边三角形降压启动。图 2-87 所示是用由时间继电器实现的电气自动控制电路，图中 1、2、3，4、5、6，7、8、9 分别与图 2-86 中的 U_1、V_1、W_1，U_2、V_2、W_2，U_3、V_3、W_3 相对应。

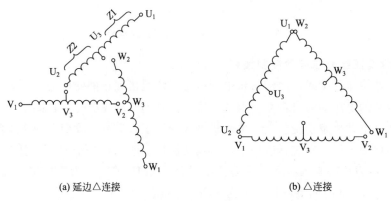

(a) 延边△连接　　　　　　　(b) △连接

图 2-86　延边三角形降压启动电动机定子绕组连接方式

延边三角形降压启动是在 Y-△降压启动的基础上加以改进而形成的一种启动方式，它把 Y 和△两种接法结合起来，使电动机每相定子绕组承受的电压小于△连接时的相电压，而大于 Y 形连接时的相电压，并且每相绕组电压的大小可随电动机绕组抽头（U_3、V_3、W_3）位置的改变而调节，从而克服了 Y-△降压启动时启动电压偏低启动、转矩偏小的缺点。

2. 工作过程

闭合电源开关 QS。

(1) 延边三角形降压启动△运行。

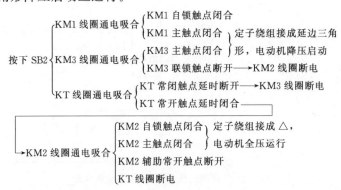

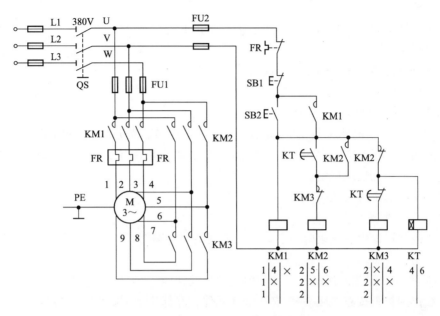

图 2-87　延边三角形降压启动控制线路

（2）停止。按下 SB1→控制电路断电→KM1、KM2、KM3 线圈断电释放→电动机 M 断电停车。

三、任务实施

（一）三相异步电动机定子串电阻降压启动控制电路安装与检测

1. 任务实施要求

掌握用时间继电器自动控制的定子串电阻降压启动电路的安装与检测。

2. 任务实施所需设备

（1）电气元件

所需电气元件见表 2-10。

表 2-10　电气元件明细表

代号	名称	推荐型号	推荐规格	数量
M	三相异步电动机	Y132S-4	5.5kW、380V、11.6A、△接法、1440r/min	1
QS	组合开关	HZ10-25/3	三极、25A	1
FU1	熔断器	RL1-60/25	500V、60A、配熔体 25A	3
FU2	熔断器	RL1-15/2	500V、15A、配熔体 2A	2
KM	交流接触器	CJ10-20	20A、线圈电压 380V	2
KT	时间继电器	JS7-2A	线圈电压 380V	1
FR	热继电器	JR16-20/3	三极、20A、整定电流 11.6A	1
R	电阻器	ZX2-2/0.7	22.3A、7Ω、每片电阻 0.7Ω	3
SB	按钮	LA10-3H	保护式、按钮数 3	2
XT	端子排	JX2-1015	10A、15 节、380V	1

（2）工具

测电笔、螺丝刀、尖嘴钳、斜口钳、剥线钳、电工刀等。

（3）仪表

MF500 型万用表（或数字式万用表 DT980）。

（4）器材

① 控制板一块（600mm×500mm×20mm）。

② 导线规格：主电路采用 BV1.5mm² （红色、绿色、黄色）；控制电路采用 BV1mm²（黑色）；按钮线采用 BVR0.75mm² （红色）；接地线采用 BVR1.5mm² （黄绿双色）。导线数量由教师根据实际情况确定。

③ 紧固体和编码套管按实际需要发给。

3. 项目实施步骤及工艺要求

（1）绘制并读懂串联电阻降压启动自动控制线路电路图，给线路元件编号，明确线路所用元件及作用。

（2）按表 2-10 配置所用电气元件并检验型号及性能。

（3）在控制板上按布置图 2-88 安装电气元件，并标注上醒目的文字符号。

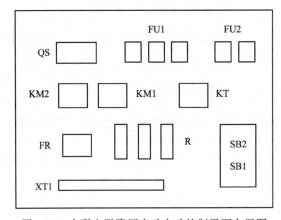

图 2-88　串联电阻降压启动自动控制平面布置图

（4）按电气原理图 2-83 和接线图 2-89 进行板前明线布线和套编码套管（注意：接线图中的 KM1 和 KM2 与原理图中位置互换）。板前明线布线的工艺要求参照本项目任务 4 中相关内容。

（5）根据电路图 2-83 和图 2-89 检查控制板布线的正确性。

（6）安装电动机。

（7）连接电动机和按钮金属外壳的保护接地线。

（8）连接电源、电动机等控制板外部的导线。

（9）自检。检查主电路时，可以手动来代替受电线圈励磁吸合时的情况进行检查。

检查控制电路时，利用万用表的电阻挡或数字式万用表的蜂鸣器检测接触器线圈电阻、触点的通断情况、时间继电器线圈的电阻，延时触点的通断情况以及按钮动合、动断触点等。

（10）通电试车。接电前必须征得教师同意，并由教师接通电源和现场监护。做好线路板的安装检查后，按安全操作规定进行试运行，即一人操作，一人监护。

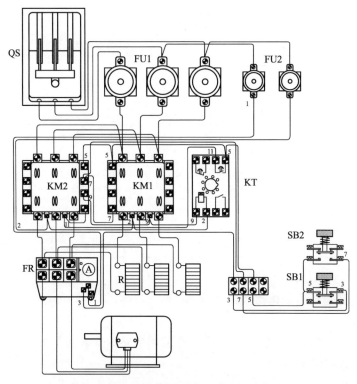

图 2-89 定子串电阻降压启动控制接线图

三相异步电动机定子串电阻降压启动控制电路安装与检测

班级：＿＿＿＿＿ 组别：＿＿＿＿＿ 学号：＿＿＿＿＿ 姓名：＿＿＿＿＿ 操作日期：＿＿＿＿＿

安装前准备		
序号	准备内容	准备情况自查
1	知识准备	控制线路图是否熟悉　　是□ 否□ 安装步骤是否掌握　　　是□ 否□ 安装注意事项是否熟悉　是□ 否□ 通电前需检查内容是否熟悉　是□ 否□
2	材料准备	电动工具是否齐全　　　是□ 否□ 各元件是否完好　　　　是□ 否□ 端子排是否完好　　　　是□ 否□ 仪表是否完好　　　　　是□ 否□ 控制板大小是否合适　　是□ 否□ 导线数量是否够用　　　是□ 否□
检测结果记录		
步骤	内容	数据记录
1	自检和互检 发现的问题 和解决方案	
2	静电检测结果	开关两端电压和电阻：$U_{QS}=$　　　　$R_{QS}=$ 电源接线端电压：　$U_{UV}=$　　　$U_{VW}=$　　　$U_{WU}=$ 接线端与外壳之间电压：

续表

		检测结果记录			
步骤	内容	数据记录			
3	通电试车	转动情况： 电源相线之间电压：$U_{AB}=$	$U_{BC}=$		$U_{CA}=$
		接线端之间电压：$U_{UV}=$	$U_{VW}=$		$U_{WU}=$
4	安装时间	开始时间： 实际用时：	结束时间：		
5	收尾	控制线路正确装配完毕□ 凳子放回原处□	仪表挡位回位□ 台面清理干净□	垃圾清理干净□	
		验收			
		优秀□ 良好□ 中□ 及格□ 不及格□			
				教师签字： 日期：	

任务实施标准见手动控制线路。

（二）Y-△降压启动控制电路安装与检测

1. 任务实施要求

掌握用时间继电器自动控制的星-三角降压启动电路的安装与检测。

2. 任务实施所需设备

（1）电气元件

所需电气元件见表 2-11。

表 2-11 电气元件明细表

代号	名称	推荐型号	推荐规格	数量
M	三相异步电动机	Y132S-4	5.5kW、380V、11.6A、△接法、1440r/min	1
QS	组合开关	HZ10-25/3	三极、25A	1
FU1	熔断器	RL1-60/25	500V、60A、配熔体 25A	3
FU2	熔断器	RL1-15/2	500V、15A、配熔体 2A	2
KM	交流接触器	CJ10-20	20A、线圈电压 380V	3
KT	时间继电器	JS7-2A	线圈电压 380V	1
FR	热继电器	JR16-20/3	三极、20A、整定电流 11.6A	1
SB	按钮	LA10-3H	保护式、按钮数 3	1
XT	端子排	JX2-1015	10A、15 节、380V	1

（2）工具

测电笔、螺丝刀、尖嘴钳、斜口钳、剥线钳、电工刀等。

（3）仪表

MF500 型万用表（或数字式万用表 DT980）。

（4）器材

① 控制板一块（600mm×500mm×20mm）。

② 导线规格：主电路采用 BV1.5mm² （红色、绿色、黄色）；控制电路采用 BV1mm²（黑色）；按钮线采用 BVR0.75mm² （红色）；接地线采用 BVR1.5mm² （黄绿双色）。导线

数量由教师根据实际情况确定。

③ 紧固体和编码套管按实际需要发给，走线槽若干。

3. 项目实施步骤及工艺要求

（1）绘制并读懂星-三角转换降压启动自动控制线路电路图，给线路元件编号，明确线路所用元件及作用。

（2）按表 2-11 配置所用电气元件并检验型号及性能。

（3）在控制板上按布置图 2-90（a）安装电气元件，并标注上醒目的文字符号。

（4）按接线图 2-90（b）进行板前明线布线和套编码套管。板前明线布线的工艺要求参照本项目任务 4 中相关内容。

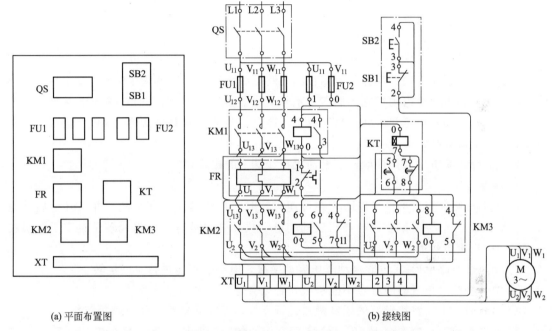

(a) 平面布置图　　　　　　　　　　　　　　　(b) 接线图

图 2-90　Y-△降压启动时间继电器自动控制平面布置图和接线图

（5）检查控制板布线的正确性。

① 主电路接线检查。按电路图或接线图从电源端开始，逐段核对接线有无漏接、错接之处，检查导线接点是否符合要求，压接是否牢固，以免带负载运行时产生闪弧现象。检查主电路时，可以手动来代替受电线圈励磁吸合时的情况进行检查。

② 控制电路接线检查。用万用表电阻挡或数字式万用表的蜂鸣器检查控制电路接线情况。重点检测接触器线圈的电阻，触点的通断情况；时间继电器线圈的电阻，延时触点的通断以及按钮动合、动断触点的检测、热继电器的检测、熔断器的检测等。

（6）安装电动机。

（7）连接电动机和按钮金属外壳的保护接地线。

（8）连接电源、电动机等控制板外部的导线。

（9）通电试车。

接电前必须征得教师同意，并由教师接通电源和现场监护。做好线路板的安装检查后，按安全操作规定进行试运行，即一人操作，另一人监护。

接通三相电源 L1、L2、L3，合上电源开关 QS，用电笔检查熔断器出线端，氖管亮说明电源接通。分别按下 SB2 和 SB1，观察是否符合线路功能要求，观察电气元件动作是否灵活，有无卡阻及噪声过大现象，观察电动机运行是否正常。若有异常，立即停车检查。

4. 电路的故障分析

星形-三角形启动控制电路的常见故障主要有：

（1）按下启动按钮 SB2，电机不能启动。

分析：主要原因可能是接触器接线有误，自锁、互锁没有实现。

（2）由星形接法无法正常切换到三角形接法，要么不切换，要么切换时间太短。

分析：主要原因是时间继电器接线有误或时间调整不当。

（3）启动时主电路短路。

分析：主要原因是主电路接线错误。

（4）Y 启动过程正常，但三角形运行时电动机发出异常声音转速也急剧下降。

分析：接触器切换动作正常，表明控制电路接线无误。问题出现在接上电动机后，从故障现象分析，很可能是电动机主回路接线有误，使电路由 Y 转到△时，送入电动机的电源顺序改变了，电动机由正常启动突然变成了反序电源制动，强大的反向制动电流造成了电动机转速急剧下降和异常声音。

处理故障：核查主回路接触器及电动机接线端子的接线顺序。

5. 注意事项

① 电动机必须安放平稳，以防止在可逆运转时产生滚动而引起事故，并将其金属外壳可靠接地。进行星形-三角形自动降压启动的电动机，必须是有 6 个出线端子且定子绕组在△接法时的额定电压等于 380V。

② 要注意电路星形-三角形自动降压启动换接，电动机只能进行单向运转。

③ 要特别注意接触器的触点不能错接，否则会造成主电路短路事故。

④ 接线时，不能将接触器的辅助触点进行互换，否则会造成电路短路等事故。

⑤ 通电校验时，应先合上 QS，检验 SB2 按钮的控制是否正常，并在按 SB2 后 6s，观察星形-三角形自动降压启动作用。

三相异步电动机 Y-△降压启动控制电路安装与检测

班级：_____ 组别：_____ 学号：_____ 姓名：_____ 操作日期：_____

安装前准备		
序号	准备内容	准备情况自查
1	知识准备	控制线路图是否熟悉　　　　　　是□　否□ 安装步骤是否掌握　　　　　　　是□　否□ 安装注意事项是否熟悉　　　　　是□　否□ 通电前需检查内容是否熟悉　　　是□　否□
2	材料准备	电动工具是否齐全　　　　　　　是□　否□ 各元件是否完好　　　　　　　　是□　否□ 端子排是否完好　　　　　　　　是□　否□ 仪表是否完好　　　　　　　　　是□　否□ 控制板大小是否合适　　　　　　是□　否□ 导线数量是否够用　　　　　　　是□　否□

续表

		检测结果记录		
步骤	内容	数据记录		
1	自检和互检发现的问题和解决方案			
2	静电检测结果	开关两端电压和电阻：$U_{QS}=$　　　　$R_{QS}=$ 电源接线端电压：　　$U_{UV}=$　　　　$U_{VW}=$　　　　$U_{WU}=$ 接线端与外壳之间电压：		
3	通电试车	转动情况： 电源相线之间电压：$U_{AB}=$　　　$U_{BC}=$　　　$U_{CA}=$ 接线端之间电压：　$U_{UV}=$　　　$U_{VW}=$　　　$U_{WU}=$		
4	安装时间	开始时间：　　　　　　　　　　结束时间： 实际用时：		
5	收尾	控制线路正确装配完毕□　　　仪表挡位回位□　　　垃圾清理干净□ 凳子放回原处□　　　　　　　台面清理干净□		
		验收		
		优秀□　　　良好□　　　中□　　　及格□　　　不及格□ 　　　　　　　　　　　　教师签字：　　　　　　日期：		

任务实施标准见手动控制线路。

四、知识拓展——其他启动方法

（一）绕线式异步电动机转子串电阻器启动

由电动机的机械特性可知，启动时在绕线式异步电动机的转子回路中串接启动电阻器（如图 2-91 所示）可以提高启动转矩，同时电阻增大也限制了启动电流。待启动结束后，再将启动电阻逐级切除。但是，三相转子绕组所串接电阻并非越大越好，如果串接电阻太大，不但不能增大启动转矩反而会使启动转矩减小（其原因可由电动机的机械特性分析得出）。因此，三相转子绕组所接电阻值要适当。

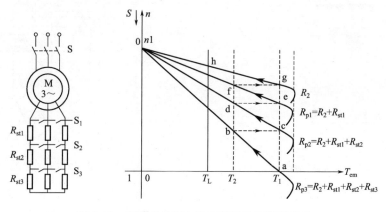

图 2-91　绕线式异步电动机转子串电阻器启动

（二）绕线式异步电动机转子串频敏变阻器启动

频敏变阻器是一个三相铁芯线圈，其结构如图 2-92 所示，其铁芯不用硅钢片而用厚钢板叠成。当频敏变阻器线圈通过交流电时，铁芯中将产生涡流损耗，铁芯损耗相当于一个等值电阻，其线圈本身又是一个电抗，等值电阻和电抗都会随频率的变化而变化，故称为频敏变阻器。它与绕线式异步电动机转子绕组的连接如图 2-93 所示。

图 2-92 bp1 系列频敏变阻器

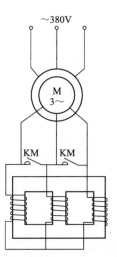

图 2-93 绕线式转子异步电动机串频敏变阻器启动

（三）软启动

所谓软启动是指电动机在软启动器的控制下，启动电压由零慢慢提升到额定电压，使电动机启动的全过程都不存在冲击转矩，而是平滑的启动运行。

软启动器（soft starter）是一种集电机软启动、软停车、轻载节能和多种保护功能于一体的新颖电机控制装置，如图 2-94 所示，其内部主要由三相反并联晶闸管及其电子控制电路组成。软启动器串接于电源与被控电机定子绕组之间，如图 2-95 所示。

图 2-94 JLN5000 软启动器

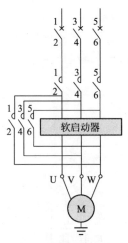

图 2-95 软启动器控制电机的主电路

控制软启动器内部晶闸管的导通角，可使电动机输入电压从零以预设函数关系逐渐上升，直至启动结束，赋予电动机全电压。在软启动过程中，电动机启动转矩逐渐增加，转速也逐渐增加。同时，由于电压由初始电压慢慢提升到额定电压，这样电动机的启动电流，就由过去过载冲击电流不可控制变成为可控制，并且可根据需要调节启动电流的大小。因此，电机启动的全过程都不存在冲击转矩，而是平滑的启动运行。

软启动器同时还提供软停车功能，软停车与软启动过程相反，电压逐渐降低，转速逐渐下降到零，避免自由停车引起的转矩冲击。

软启动器调压实质是电子调压，同时它还可对电流进行实时监测，因此软启动器还具有对电动机和其自身的热保护，限制转矩和电流冲击、三相电源不平衡、缺相、断相等保护功能，并可实时监测并显示如电流、电压、功率因数等参数。

下面简单介绍几种电子式软启动器的启动方法：

（1）限电流或恒电流启动法　用电子软启动器实现启动时限制电动机启动电流或保持恒定的电流，主要用于轻载软启动。

（2）斜坡电压启动法　用电子软启动器实现电动机启动时定子电压由小到大的斜坡线性上升，主要用于重载软启动。

（3）转矩控制启动法　用电子软启动器实现电动机启动时启动转矩由小到大的线性上升，该启动方法的平滑性好，能够降低启动时对电网的冲击，是较好的重载启动方法。

（4）电压控制启动法　用电子软启动器控制电压以保证电动机启动时产生较大的启动转矩，是较好的轻载软启动方法。

任务7　三相异步电动机调速控制电路的安装与检测

一、任务描述与目标

在生产实践中，许多生产机械的运行速度需要根据加工工艺要求而人为调节。这种负载不变，人为调节转速的过程称为调速。调速有机械调速和电气调速，通过改变传动机构转速比的调速方法称为机械调速，通过改变电动机参数而改变转速的方法称为电气调速。在不同的生产要求下，选择合适的调速方法，既能节省成本，又能提高生产效率。本任务主要学习电气调速的有关内容。

本任务的学习目标是：

（1）熟悉三相异步电动机常用的调速方法；

（2）能读懂三相异步电动机常用的调速控制线路；

（3）会安装、调试三相异步电动机常用的调速回路。

二、相关知识

由三相异步电动机转速公式 $n=60f_1(1-s)/P$ 可知，三相异步电动机的调速有改变定子绕组极对数 P、改变转差率 s 和改变电源频率 f_1 调速 3 种方法。

（一）变极调速

在电源频率恒定的条件下，改变异步电动机的磁极对数，可以改变其同步转速，从而使电动机在某一负载下的稳定运行转速发生变化，达到调速目的。因为只有当定子、转子极数相等时才能产生平均电磁转矩，对于绕线转子异步电动机，在改变定子绕组接线来改变极对数的同时，也应改变转子绕组接线，以保持定子、转子极对数相同，这将使绕线转子异步电动机变极接线和控制复杂化。但笼形转子绕组的极对数是感应产生的，当改变定子绕组极数时，其转子极数可自动跟随定子变化而保持相等。因此，变极调速一般用于笼形异步电动机。

变极多速电动机的转速有双速、三速和四速等多种，较常用的是双速和三速两种。本书仅以三角形改为双星形双速异步电动机的控制为例。

1. 双速异步电动机定子绕组的连接

交流电动机定子绕组通入交流电后感应出旋转磁场的极对数，取决于绕组中电流的方向，因此改变绕组接线使绕组内电流方向改变，就能够改变极对数 P。常用的单绕组变极电机，其定子上只装一套绕组，就是利用改变绕组连接方式，来达到改变极对数 P 的目的。

因为在电动机定子的圆周上，电角度是机械角度的 P 倍，当极对数改变时，必然引起三相绕组的空间相序发生变化。此时若不改变外接电源相序，则变极后，不仅使电动机转速发生变化，而且电动机的旋转方向也发生了变化。所以，为保证变极调速前后电动机旋转方向不变，在改变三相异步电动机定子绕组接线的同时，必须将三相电中的两相给予调换，使电动机接入的电源相序改变。

图 2-96 所示为 4/2 极双速异步电动机△/YY 三相定子绕组接线示意图。定子绕组引出 6 根出线端，当定子绕组的 U_1、V_1、W_1 3 个接线端接三相交流电源，而将 U_2、V_2、W_2 3 个接线端悬空不接时，三相定子绕组接成三角形连接，电动机以 4 极低速运行。当定子绕组的 U_2、V_2、W_2 3 个接线端接三相交流电源，而 U_1、V_1、W_1 3 个接线端连接在一起时，则原来三相定子绕组的三角形连接变为双星形连接，电动机以 2 极高速运行。为保证电动机旋转方向保持不变，从一种连接变为另一种连接时，应改变电源的相序。

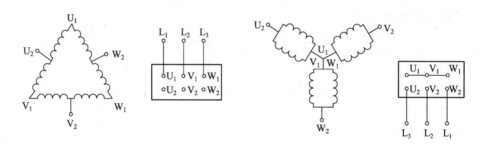

图 2-96　4/2 极双速异步电动机△/YY 三相定子绕组接线示意图

2. 双速异步电动机的控制线路

(1) 三相异步电动机手动调速线路

图 2-97 为双速异步电动机手动控制电路。图中 KM1 为电动机三角形连接接触器，KM2、KM3 为电动机双星形连接接触器，SB2 为低速启动按钮，SB3 为高速启动按钮。

合上三相电源开关 QS，接通控制电路电源。需低速运转时，按下低速启动按钮 SB2，接触器 KM1 线圈通电并自锁，KM1 主触头闭合，电动机定子绕组作三角形连接，电动机低速运行。当需高速运转时，按下高速启动按钮 SB3，KM1 线圈断电释放，其常开主触头与辅助触头断开，常闭辅助触头闭合，当 SB3 按到底时，KM2、KM3 线圈同时通电吸合并自锁，KM2、KM3 主触头闭合，将电动机定子绕组接成双星形，电动机以高速旋转。此时，因电源相序已改变，电动机转向相同。若在高速运行下按下低速启动按钮 SB2，又可使电动机由高速运行改成低速运行，且转向仍不变。若按下停止按钮 SB1，接触器线圈断电释

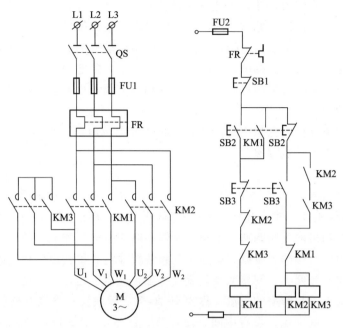

图 2-97　双速异步电动机手动控制电路

放，电动机停转。

　　该电路也可直接按下高速启动按钮 SB3，使电动机定子绕组接成双星形连接，以获得双速异步电动机控制电路高速启动运转。此时按下停止按钮 SB1，电动机停转。

　　（2）三相异步电动机自动调速线路

　　利用时间继电器可使电动机在低速启动后自动切换至高速状态。如图 2-98 所示为双速电动机自动加速控制电路，其主电路与图 2-97 一致。

（二）变频调速

　　三相异步电动机变频调速具有优异的性能，调速范围大，调速的平滑性好，可实现无级调速；在调速的同时异步电动机的机械特性硬度不变，稳定性好；变频时电压按不同规律变化可实现恒转矩或恒功率调速，以适应不同负载的要求，变频调速是现代电力传动的一个主要发展方向，已广泛应用于工业自动控制中。

　　根据转速公式可知，当转差率 s 变化不大

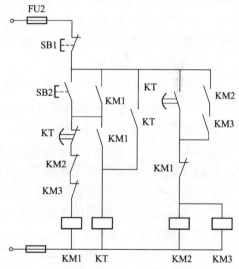

图 2-98　双速电动机自动加速的控制电路

时，异步电动机的转速 n 基本上与电源频率 f_1 成正比。连续调节电源频率，就可以平滑地改变电动机的转速。但是，电动机正常运行时，电动机的每相端电压、电源频率与感应磁通之间存在这样的关系：

$$U_1 \approx E_1 = 4.44 f_1 N_1 k_{w1} \Phi_0$$

可以看出，若端电压 U_1 不变，当频率 f_1 减小时，主磁通 Φ_0 将增加，这将导致磁路过分饱和，励磁电流增大，功率因数降低，铁芯损耗增大；而当 f_1 增大时，Φ_0 将减小，电磁转矩

及最大转矩下降，过载能力降低，电动机的容量也得不到充分利用。所以单一地调节电源频率，将导致电动机运行性能的恶化。因此，为使电动机能保持较好的运行性能，要求在调节 f_1 的同时，改变定子电压 U_1，以维持 Φ_0 不变，保持电动机的过载能力不变。一般认为在任何类型负载下调速时，若能保持电动机的过载能力不变，则电动机的运行性能较为理想。电动机的额定频率为基频，变频调速时，可以从基频向上调，也可以从基频向下调。

1. 基频以下调速

从基频向下调速降低电源频率时，必须同时降低电源电压，保持 U_1/f_1 为常数，即 Φ_0 为常数，这种调速为恒转矩调速。

2. 基频以上调速

对于电气元件来讲，升高电压（$U_1 > U_N$）是不允许的。因此，升高频率向上调速时，只能保持电压为 U_N 不变，频率升高，磁通 Φ_0 降低。这种调速近似为恒功率调速。

要实现异步电动机的变频调速，必须有能够同时改变电压和频率的供电电源。现有的交流供电电源都是恒压恒频的，所以必须通过变频装置才能获得变压变频电源。变频装置可分为间接变频和直接变频两类。间接变频装置先将工频交流电通过整流器变成直流，然后再经过逆变器将直流变为可控频率的交流，称为交-直-交变频装置；直接变频装置是将工频交流一次变换成可控频率的交流，没有中间直流环节，称为交-交变频装置。目前应用较多的是间接变频装置。

（三）改变转差率调速

改变转差率调速的方法有改变电源电压，改变转子回路电阻和改变转子回路电动势（串级调速）。改变转差率调速的特点是电动机同步转速保持不变，调速过程中产生大量的转差功率。前两种方法产生的转差功率都消耗在转子电路里，很不经济，而串级调速产生的转差功率可以被转子回路吸收或大部分反馈给电网，从而提高了经济性能。

1. 改变定子电压调速

改变外加电压时，电动机的同步转速 n_1 是不变的，临界转差率 s_m 也保持不变，由于 $T_m \propto U_1^2$，电压降低时，最大转矩 T_m 按平方比例下降。当负载转矩不变，电压下降，转速将下降（转差率 s 上升）。这种调速方法，当转子电阻较小时，能调节速度的范围不大；当转子电阻大时，可以有较大的调节范围，但损耗也随之增大。低压时，电动机的机械特性较软，转速变化大，此时可采用带速度负反馈的闭环控制系统来解决该问题。

改变电源电压调速主要应用于专门设计的较大转子电阻、高转差率的笼型异步电动机，目前广泛采用晶闸管交流调压线路来实现。

2. 改变转子电阻调速

绕线转子异步电动机转子串电阻后，同步转速不变，最大转速不变，临界转差率增大，机械特性的斜率变大，且电阻越大，曲线越偏向下方。在一定的负载转矩下，电阻越大，转速越低。这种调速为有级调速，调速平滑性差，损耗较大，调整范围有限，但调速方法简单，调速电阻可兼做制动电阻使用。适用于重载下调速（例如起重机的拖动系统）。

3. 串级调速

串级调速就是在电动机的转子回路中串入一个三相对称的附加电动势 $\dot{E}_{ad}$，其频率与转子电动势 $\dot{E}_{2s}$ 相同，改变 $\dot{E}_{ad}$ 的大小和相位就可以对电动机进行调速。这种调速方法适用于绕线式异步电动机。

串级调速有低同步串级调速和超同步串级调速。低同步串级调速是 $\dot{E}_{ad}$ 和 $\dot{E}_{2s}$ 相位相反，串入 $\dot{E}_{ad}$ 后，转速降低，串入的 $\dot{E}_{ad}$ 越大，转速降得越多，$\dot{E}_{ad}$ 装置从转子回路吸收电能回馈到电网。超同步串级调速是 $\dot{E}_{ad}$ 和 $\dot{E}_{2s}$ 相位相同，串入 $\dot{E}_{ad}$ 后，转速升高，$\dot{E}_{ad}$ 装置和电源一起向转子回路输入电能。

串级调速性能较好，但附加电动势装置比较复杂。但随着可控硅技术的发展，现已广泛应用于水泵和风机节能调速，应用于不可逆轧钢机、压缩机等生产机械的调速。

三、任务实施——时间继电器控制双速异步电动机调速控制线路的安装

1. 任务实施要求

掌握时间继电器控制双速异步电动机控制线路的安装和检修。

2. 任务实施所需设备

（1）工具：验电笔、电工改锥（各种规格）、尖嘴钳、斜口钳、电工刀等。

（2）仪表：5050 型兆欧表、转速表、T301A 型钳形电流表、MF47 型万用表。

（3）器材：导线（选用参照前任务）、各种规格的紧固体、针形及叉形轧头、金属软管、编码套管等。电气元件如表 2-12 所示。

表 2-12　电气元件明细表

代号	名称	型号	规格	数量
M	三相异步电动机	YD112M-4/2	3.3kW/4kW、380V、△/YY 接法、7.4A/8.8A、1140r/min 或 2890r/min	1
QS	组合开关	HZ10-25/3	三极、额定电流 25A	1
FU₁	螺旋式熔断器	RL1-60/25	500V、60A、配熔体额定电流 25A	3
FU₂	螺旋式熔断器	RL1-15/4	500V、15A、配熔体额定电流 2A	1
KM1～KM3	交流接触器	CJ10 -20	20A、线圈电压 380V 或 220V	2
SB1～SB3	按钮	LA10-3H	保护式、按钮数 3	3
FR	热继电器	JR16-20/3	三级、20A、整定电流 8.6A	1
KT	时间继电器	JS7-2A	线圈电压 380V 或 220V	1
T	降压变压器		380V/24V	1
XT	端子板	JX0-1020	10A、20 节、380V	1

3. 任务实施步骤

（1）安装步骤及工艺要求。

安装工艺可参照本项目任务 4 中相关内容。其安装步骤如下：

① 按表 2-12 配齐所用电气元件，并检验元件质量。

② 根据图 2-97 主电路和图 2-98 所示控制电路，画出元件布置图。

③ 在控制板上按布置图安装除电动机以外的电气元件，并贴上醒目的文字符号。

④ 在控制板上根据电路图进行板前线槽布线，并在线端套编码套管和冷压接线头。

⑤ 安装电动机。

⑥ 可靠连接电动机及电气元件不带电金属外壳的保护接地线。

⑦ 可靠连接控制板外部的导线。

⑧ 自检。

⑨ 检查无误后通电试车，并用转速表测量电动机转速。

（2）注意事项。

① 接线时，注意主电路中接触器 KM1、KM2 在两种转速下电源相序的改变，不能接错；否则，两种转速下电动机的转向相反，换向时将产生很大的冲击电流。

② 控制双速电动机△形接法的接触器 KM1 和 YY 接法的 KM2 的主触头不能对换接线，否则不但无法实现双速控制要求，而且会在 YY 形运转时造成电源短路事故。

③ 通电试车前，要复验一下电动机的接线是否正确，并测试绝缘电阻是否符合要求。

④ 通电试车时，必须有指导教师在现场监护，同时做到安全文明生产。

四、知识拓展——电磁离合器调速

由单速或多速笼型异步电动机和电磁转差离合器可组成电磁调速电机（滑差电机），如图 2-99 所示为 YCT 系列电磁调速电机。电磁调速电机通过其控制器（图 2-100）可在较广范围内进行无级调速，广泛应用于机床、起重机、冶金等生产机械上。

图 2-99　YCT 系列电磁调速电机　　　图 2-100　滑差电机控制器　　　图 2-101　电磁转差离合器

电磁转差离合器是一种利用电磁方法来实现调速的联轴器，如图 2-101 所示。由其构成的调速系统如图 2-102 所示。电磁离合器是由两个同心而独立旋转的部件所组成：一个称为磁极（内转子），为爪型磁极，另一个称为电枢（外转子）。当磁极上的励磁线圈通入直流电流后，沿磁极圆周交替产生 N、S 极，磁力线通过爪极—气隙—电枢—气隙—爪极形成闭合回路，在原动机启动后，离合器的电枢就随电动机在磁场中以转速 n_1（原动机输出转速）旋转，于是电枢与磁极便有相对运动。根据电磁感应定律可知，电枢切割磁场将产生电动势。由于电枢由整体铸钢做成，就会产生涡流。涡流与磁场互相作用产生电磁力，形成电磁转矩，使磁极带动输出轴随电枢同方向转动。

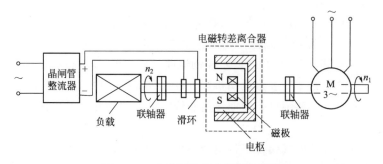

图 2-102　电磁转差离合器调速系统

电磁转差离合器的磁极的转速 n_2 取决于励磁电流的大小，其转速 n_2 必定小于电枢的转速 n_1，即有一定的转差率，若没有（n_1-n_2）这个转差，电枢中就不能产生涡流，也就没有电磁转矩了，则电枢与磁极就没有相对运动。若改变励磁电流，即改变磁通，电磁转差离合器在一定负载下的转差率也随之改变，从而改变了输出轴的转速，实现了速度调节，因此改变励磁电流的大小，就可以达到调速的目的。

由于 $n_2<n_1$，这一点完全与异步电机的工作原理相同，故称这种电磁离合器为电磁转差离合器。

电磁调速电动机的特点：

（1）调速范围广，启动性能好，启动转矩大，控制功率小，便于手控、自动和遥控，适用范围广。调速范围可达 1：10（120～1200r/min），功率为 0.6～100kW。

（2）调速平滑，可以进行无级调速。但应注意，在一般情况下，电磁转差离合器在不同的励磁电流下的机械特性是很软的，励磁电流越小，特性越软。为了得到比较硬的机械特性，增大调速范围，提高调速的平滑性，应该采用带转速负反馈的闭环调速系统。

（3）结构简单，运行可靠，维修方便，价格便宜。

（4）电磁转差离合器适用于通风机负载和恒转矩负载，而不适用于恒功率负载。

（5）在低速时效率和输出功率比较低，在一般情况下，电磁转差离合器传递效率的最大值约为 80%～90%，故电磁转差离合器最大输出功率约为传动电动机功率的 80%～90% 左右。但随着输出转速的降低，传递效率亦相应降低，这是电枢中的涡流损失与转差（即离合器的输出转速和输入转速之差）成正比的缘故，所以这种调速系统不适宜长时期处于低速的生产机械。

（6）存在不可控区，由于摩擦和剩磁的存在，当负载转矩小于 10% 额定转矩时可能失控。

（7）机械特性软，稳定性差。

任务 8　三相异步电动机制动控制电路的安装与检测

一、任务描述与目标

由于转子惯性的关系，三相异步电动机从切断电源到完全停止旋转，需要持续一段时间，这不能满足某些生产机械的工艺要求。如卧式镗床、万能铣床、组合机床等，无论是从提高生产效率，还是从安全及准确停位等方面考虑，都要求电动机能迅速停车，所以需要对电动机进行制动控制。三相异步电动机在切断电源后，通过机械或电气装置为其施加一个外力或产生一个与电动机实际旋转方向相反的电磁力矩，迫使电动机迅速停转，即为制动。三相异步电动机的制动方法一般有两大类：机械制动和电气制动。

在切断电源后，利用机械装置使三相笼型异步电动机迅速准确地停车的制动方法称为机械制动，应用较普遍的机械制动装置有电磁抱闸和电磁离合器两种。在切断电源后，利用产生和电动机实际旋转方向相反的电磁力矩（制动力矩），使三相笼型异步电动机迅速准确地停车的制动方法称为电气制动。常用的电气制动方法有反接制动、能耗制动和回馈制动等。

本次任务的学习目标是：

（1）熟悉三相异步电动机常用的制动方法。

（2）能读懂三相异步电动机常用的制动控制线路。

（3）会安装、调试三相异步电动机常用的制动回路。

二、相关知识

（一）速度继电器

速度继电器常用于对笼型异步电动机进行反接制动，也称之为反接制动继电器，如图 2-103。常用的速度继电器有 JY1、JFZO 型和 JMP 型电子速度继电器。

图 2-103　速度继电器

速度继电器由转子、定子及触点三部分组成，其结构、动作原理及符号如图 2-104 所示。速度继电器的轴与电动机的轴相连接。转子固定到轴上，定子与轴同心。当电动机转动时，带动速度继电器的转子转动，在空间产生旋转磁场，定子绕组切割磁力线产生感应电势及电流。感应电流在永久磁场的作用下产生转矩，使定子随永久磁铁的转动方向旋转并带动杠杆、推动触点动作。当转速小于一定值时反力弹簧通过杠杆返回原位。

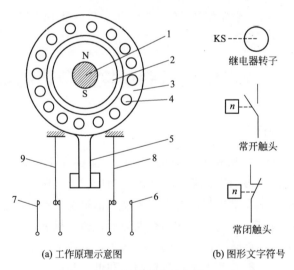

(a) 工作原理示意图　　(b) 图形文字符号

图 2-104　速度继电器

1—转轴；2—转子；3—定子；4—绕组；5—摆锤；6,7—静触点；8,9—动触点

速度继电器一般都具有两对触点，一对应用于正转，一对用于反转。触点额定电压 380V，额定电流 2A。动作转速 120r/min，复位转速 100r/min 以下。

（二）三相异步电动机的电气制动方法

1. 能耗制动控制电路

图 2-105 所示为按时间原则控制的单向能耗制动控制线路。在电动机正常运行时，若按

下停止按钮 SB1，KM1 线圈失电，电动机电源被切断，KM2、KT 线圈通电并经 KM2 的辅助动合触点和 KT 的瞬时常开触点自锁，KM2 主触点闭合，给电动机两相定子绕组通入直流电源，电动机进入能耗制动状态。当电动机转速接近零时，KT 延时动断常闭触点打开，KM2 线圈失电释放，直流电源被切断，KM2 辅助常开触点复位，KT 线圈也被断开，制动结束。由以上分析可知，时间继电器 KT 的整定值即为制动过程的时间。

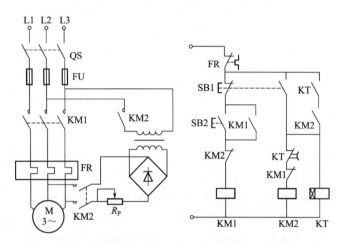

图 2-105　按时间原则控制的单向能耗制动控制线路

图 2-106 所示为按速度原则控制的可逆运行能耗制动控制线路。图中 KM1、KM2 分别为正、反转接触器，KM3 为制动接触器，KS 为速度继电器，KS1、KS2 分别为正、反时对应的动合触点。在电动机正常运行时，按下停车按钮 SB1，使 KM1 或 KM2 线圈断电，KM3 线圈得电自锁，电动机定子绕组接入直流电源进行能耗制动，转速迅速下降。当车速下降到小于 100r/min 时，速度继电器 KS 的动合触点 KS1 或 KS2 断开，KM3 线圈断电，能耗制动结束。

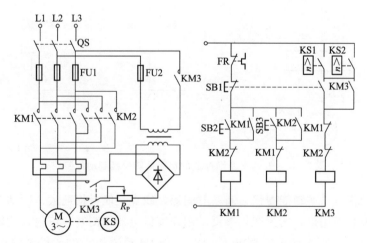

图 2-106　按速度原则控制的可逆运行能耗制动控制线路

能耗制动的特点（与反接制动相比）：优点是能耗小，制动电流小，制动准确度较高，制动转矩平滑；缺点是需直流电源整流装置，设备费用高，制动力较弱，制动转矩与转速成比例减小。

适用场合：适用于电动机能量较大，要求制动平稳、制动频繁以及停位准确的场合。能耗制动是一种应用很广泛的一种电气制动方法，常用在铣床、龙门刨床及组合机床的主轴定位等。

说明：主电路中的 R 用于调节制动电流的大小；能耗制动结束，应及时切除直流电源。

补充：KM2 常开触点上方应串接 KT 瞬动常开触点。防止 KT 出故障时其通电延时常闭触点无法断开，致使 KM2 不能失电而导致电动机定子绕组长期通入直流电。

三相笼型异步电动机能耗制动的原理是把储存在转子中的机械能转变为电能，又消耗在转子电阻上的一种制动方法。将正在运转的三相笼型异步电动机从交流电源上切除，向定子绕组中通入直流电流，便在空间产生静止的磁场，此时电动机转子顺惯性而继续运转，切割磁力线，产生感应电动势和转子电流，转子电流与静止磁场相互作用，产生制动力矩，使电动机迅速减速停车。

2. 反接制动

图 2-107 为三相笼型异步电动机单向运转反接制动的控制线路。按下启动按钮 SB2，KM1 得电并自锁，电动机启动。当电动机在全压下正常运行时，速度继电器 KS 的动合触点处于闭合状态。按下停止按钮 SB1，KM1 断电释放，KM2 线圈通电并自锁，KM2 的主触点闭合，电动机定子绕组经限流电阻 R 接入反向电源，电动机开始制动，当转速低于100r/min 时，速度继电器 KS 动合触点断开，KM2 线圈断电释放，制动过程结束。

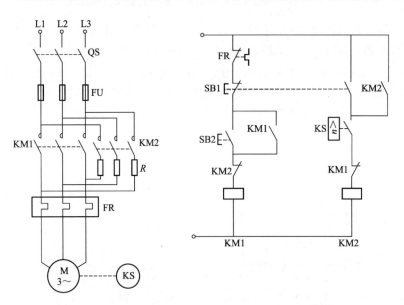

图 2-107　按速度原则控制的单向运转反接制动控制线路

反接制动的优点是制动能力强，制动时间短，缺点是能量损耗大、制动时冲击力大、制动准确度差。但是采用以转速为变化参量，用速度继电器检测转速信号，能够准确地反映转速，不受外界因素干扰，有很好的制动效果，反接制动适用于生产机械的迅速停车与迅速反向。

图 2-107 所示的控制线路只能实现单方向的反接制动，如果生产设备要求电动机正反向运转并能双向制动，图 2-107 电路已经不能满足生产要求，本书只介绍单方向的制动控制，双向制动控制可由学生课外自行设计。

适用场合：适用于要求制动迅速，制动不频繁（如各种机床的主轴制动）的场合。容量较大（4.5kW以上）的电动机采用反接制动时，须在主回路中串联限流电阻。但是，由于反接制动时，振动和冲击力较大，影响机床的精度，所以使用时受到一定限制。

反接制动的关键是电动机电源相序的改变，且当转速下降接近于零时，能自动将反向电源切除，防止反向再启动。

3. 回馈制动

回馈制动又称再生发电制动，只适用于电动机转子转速 n 高于同步转速 n_1 的场合。下面以起重机从高处下降重物为例来说明，如图 2-108 所示。

原理说明：电动机的转子转速 n 与定子旋转磁场的旋转方向相同，当电动机转子轴上受外力作用，且转子转速比旋转磁场的转速高（如起重机吊着重物下降），即 $n > n_1$。这时，转子绕组切割旋转磁场，产生的感应电流的方向与原来电动机状态相反，电磁转矩方向也与转子旋转方向相反，电磁转矩变为制动转矩，使重物不致下降太快。

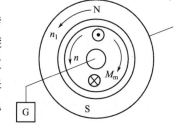

图 2-108 回馈制动原理示意图

因为当转子转速大于旋转磁场的转速时，有电能从电动机的定子反馈给电源，实际上这时电动机已经转入发电机运行，所以这种制动称为回馈制动。

三、任务实施

（一）速度继电器控制的反接制动电路

1. 任务实施要求

掌握速度继电器控制的反接制动电路的安装与检测。

2. 使用的主要工具、仪表及器材

（1）电气元件

所需电气元件见表 2-13。

表 2-13 电气元件明细表

文字符号	名称	推荐型号	推荐规格	数量
M	三相异步电动机	Y112M-4	4kW、380V、6.8A、1420r/min、△接法	1
QS	组合开关	HZ10-25/3	三极、25A	1
FU1	熔断器	RL1-60/25	500V、60A、配熔体 25A	3
FU2	熔断器	RL1-15/2	500V、15A、配熔体 2A	1
KM	交流接触器	CJ10-20	20A、线圈电压 380V	2
FR	热继电器	JR16-20/3	三极、20A、整定电流 6.8A	1
R	电阻器	ZX2-2/0.7	22.3A、7Ω、每片电阻 0.7Ω	3
KS(SR)	速度继电器	JY1	额定转速(100～3000r/min)、380V、2A、正转及反转触点各一对	1
SB	按钮	LA25-11	绿色、复合按钮	3
XT	端子排	JX2-1020	10A、20 节、380V	1

（2）工具

验电笔、螺丝刀、尖嘴钳、斜口钳、剥线钳、电工刀等。

（3）仪表

MF500 型万用表（或数字式万用表 DT980）。

（4）器材

① 控制板一块（600mm×500mm×20mm）。

② 导线规格：主电路采用 BV1.5mm²（红色、绿色、黄色）；控制电路采用 BV1mm²（黑色）；按钮线采用 BVR0.75mm²（红色）；接地线采用 BVR1.5mm²（黄绿双色）。导线数量由教师根据实际情况确定。

③ 紧固体和编码套管按实际需要发给。

3. 项目实施步骤及工艺要求

（1）绘制并读懂时间继电器控制的反接制动电路图，给线路元件编号，明确线路所用元件及作用。

（2）按表 2-13 配置所用电气元件并检验型号及性能。

（3）根据控制板的大小设计元件布置图，根据布置图安装电气元件，并标注上醒目的文字符号。

（4）进行板前明线布线和套编码套管。接线参考图 2-107，操作者应画出实际接线图。板前明线布线的工艺要求参照本项目任务 4 中相关内容。

（5）根据电路图检查控制板布线的正确性。

（6）安装电动机。

（7）连接电动机和按钮金属外壳的保护接地线。

（8）连接电源、电动机等控制板外部的导线。

（9）自检。

检查过程须注意：①主电路电源相序要改变，另外要串接制动电阻；②控制电路的互锁触点和自锁触点不能接错，反向制动的联动复合按钮不能接错，速度继电器的触点不能接错。

（10）通电试车。

接电前必须征得教师同意，并由教师接通电源和现场监护。做好线路板的安装检查后，按安全操作规定进行试运行，即一人操作，一人监护。

特别提示：

（1）两接触器用于互锁的常闭触点不能接错，否则会导致电路不能正常工作，甚至有短路隐患。

（2）速度继电器的安装要求规范，正反向触点安装方向不能错，在反向制动结束后及时切断反向电源，避免电动机反向旋转。

（3）在主电路中要接入制动电阻来限制制动电流。

速度继电器控制的电动机制动控制电路的安装与检测

班级：_____ 组别：_____ 学号：_____ 姓名：_____ 操作日期：_____

安装前准备		
序号	准备内容	准备情况自查
1	知识准备	控制线路图是否熟悉　　是□　否□ 安装步骤是否掌握　　是□　否□ 安装注意事项是否熟悉　　是□　否□ 通电前需检查内容是否熟悉　　是□　否□

续表

安装前准备		
序号	准备内容	准备情况自查
2	材料准备	电动工具是否齐全　　　　　　是□　否□ 各元件是否完好　　　　　　　是□　否□ 端子排是否完好　　　　　　　是□　否□ 仪表是否完好　　　　　　　　是□　否□ 控制板大小是否合适　　　　　是□　否□ 导线数量是否够用　　　　　　是□　否□

检测结果记录		
步骤	内容	数据记录
1	自检和互检 发现的问题 和解决方案	
2	静电检测结果	开关两端电压和电阻：$U_{QS}=$　　　　$R_{QS}=$ 电源接线端电压：　　$U_{UV}=$　　　$U_{VW}=$　　　　$U_{WU}=$ 接线端与外壳之间电压：
3	通电 试车	转动情况： 电源相线之间电压：$U_{AB}=$　　　$U_{BC}=$　　　$U_{CA}=$ 接线端之间电压：　$U_{UV}=$　　　$U_{VW}=$　　　$U_{WU}=$
4	安装 时间	开始时间：　　　　　　　　结束时间： 实际用时：
5	收尾	控制线路正确装配完毕□　　仪表挡位回位□　　　垃圾清理干净□ 凳子放回原处□　　　　　　台面清理干净□

验收				
优秀□	良好□	中□	及格□	不及格□
			教师签字：	日期：

任务实施标准见手动控制线路。

（二）三相异步电动机的能耗制动电路安装与检测

1. 任务实施要求

掌握单向启动能耗制动线路的安装与检测。

2. 任务实施所需设备

（1）工具：验电笔、电工改锥（各种规格）、尖嘴钳、斜口钳、电工刀等。

（2）仪表：5050 型兆欧表、T301-A 型钳形电流表、MF47 型万用表。

（3）器材：

① 控制板一块（500mm×400mm×20mm）。

② 导线。主电路采用 BV1.5mm^2 和 BVR1.5mm^2；控制电路采用 1mm^2；按钮线采用 BVR0.75mm^2；接地线采用 BVR1.5mm^2（黄绿双色）。导线数量由教师根据实际情况确定，对导线的颜色在初级阶段训练时，除接地线外，可不必强求，但应使主电路与控制电路有明显的区别。

③ 各种规格的紧固体、针形及叉形轧头、金属软管、编码套管等。

（4）元件明细表如表 2-14 所示。

表 2-14　元件明细表

代号	名称	型号	规格	数量
M	三相异步电动机	Y112M-4	4kW、380V、△接法、8.8A、1140r/min	1
QS	组合开关	HZ10-25/3	三极、额定电流25A	1
FU₁	螺旋式熔断器	RL1-60/25	500V、60A 配熔体额定电流25A	3
FU₂	螺旋式熔断器	RL1-15/2	500V、15A 配熔体额定电流2A	1
KM1、KM2	交流接触器	CJ10-20	20A、线圈电压380V 或220V	2
SB1、SB2	按钮	LA10-3H	保护式、按钮数3	1
FR	热继电器	JR16-20/3	三级、20A、整定电流8.8A	1
KT	时间继电器	JS7-2A	线圈电压380V 或220V	1
T	降压变压器		380V/24V	1
V	整流桥	QL35	35A 1000V	1
R_P	限流电阻		0.5Ω、50W	1
XT	端子板	JX2-1015	10A、15节、380V	1

3. 项目实施步骤及工艺要求

（1）安装步骤及工艺要求。按表 2-13 配齐所用电气元件，根据图 2-106 所示电路图，参照本项目任务 4 中的安装步骤及工艺要求进行安装。

（2）注意事项。

① 时间继电器的整定时间不要调的太长，以免制动时间过长引起定子绕组发热。

② 整流桥要配装散热器。

③ 制动电阻要安装在控制板外面。

④ 进行制动时，停止按钮 SB1 要按到底。

⑤ 通电试车时，必须有指导教师在现场监护，同时要做到安全文明生产。

四、知识拓展——机械制动

机械制动是用电磁铁操纵机械机构进行制动，如电磁抱闸制动、电磁离合器制动等。电磁抱闸的基本结构如图 2-109 所示，它的主要工作部分是电磁铁和闸瓦制动器。电磁抱闸的控制线路如图 2-110 所示。电磁线圈由 380V 交流供电。

电磁抱闸的控制电路的工作过程：按下启动按钮 SB2，接触器 KM 线圈通电，其自锁触头和主触头闭合，电动机 M 得电。同时，抱闸电磁线圈通电，电磁铁产生磁场力吸合衔铁，带动制动杠杆动作，推动闸瓦松开闸轮，电动机启动运转。

停车时，按下停车按钮 SB1，KM 线圈断电，电动机绕组和电磁抱闸线圈同时断电，电磁铁衔铁释放，弹簧的弹力使闸瓦紧紧抱住闸轮，电动机立即停止转动。

特点：断电时制动闸处于"抱住"状态。

适用场合：升降机械，防止发生电路断电或电气故障时，重物自行下落。

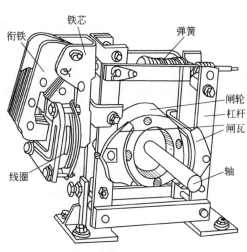

图 2-109 电磁抱闸结构示意图

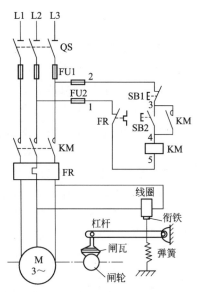

图 2-110 电动机的电磁抱闸制动控制线路

任务 9 单相异步电动机的应用

一、描述与目标

在冰箱、电扇、洗衣机、空调等家用电器中，单相异步电动机被广泛应用。它是利用 220V 单相交流电源供电的一种小容量交流电动机，功率一般在 8～750W 之间。具有结构简单，成本低廉，使用维修方便等优点，但与同容量的三相异步电动机相比，单相异步电动机的体积较大、运行性能较差、效率较低。图 2-111 所示为各种不同的单相异步电动机。

(a) 分相式单相异步电动机   (b) 罩极式单相异步电动机

图 2-111 各种不同种类的单相异步电动机

本任务的学习目标是：

（1）了解常用单相异步电动机的种类；

（2）熟悉单相异步电动机的工作原理和结构；

（3）熟悉常用单相异步电动机的控制电路；

（4）能够处理单相异步电动机的常见故障。

二、相关知识

(一)单相异步电动机的分类

为了获得所需的启动转矩,单相异步电动机的定子进行了特殊设计。根据获得旋转磁场方式的不同,常用的单相异步电动机主要分为分相式异步电动机和罩极式异步电动机两大类。它们都采用笼型转子,但定子结构不同。

根据交流电流分相方法的不同,分相电动机分为:电容启动电动机、电容运转电动机、电容启动运转电动机和电阻分相电动机等四类型。

(二)单相异步电动机的结构

1. 分相式单相异步电动机结构

图 2-111(a) 所示为分相式单相异步电动机,它在结构上与三相笼型异步电动机类似,转子绕组也为一笼型转子。定子上有一个单相工作绕组和一个启动绕组,为了能产生旋转磁场,在启动绕组中还串联了一个电容器,其结构如图 2-112 所示。

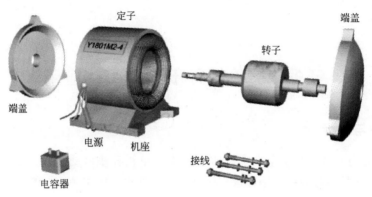

图 2-112　分相式单相异步电动机结构示意图

2. 罩极式单相异步电动机结构

单相罩极式异步电动机按磁极形式的不同,其结构可分为凸极式和隐极式两种。凸极式结构应用较广。

凸极式罩极电动机的定子、转子铁芯用厚度为 0.5mm 的硅钢片叠成,定子做成凸极铁芯,组成磁极,在每个磁极 1/3~1/4 处开一个小槽,将磁极表面分为两块,在较小的一块磁极上套入短路铜环,套有短路铜环的磁极称为罩极。整个磁极上绕有单相定子绕组,它的转子仍为笼型,其结构示意图如图 2-113(a) 所示,其等效电路如图 2-113(b) 所示。

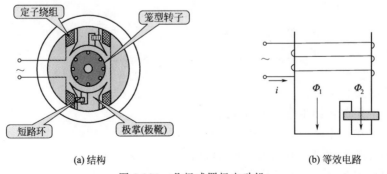

(a)结构　　　　　　　　　　　　　(b)等效电路

图 2-113　凸极式罩极电动机

(三) 工作原理

1. 分相式单相异步电动机工作原理

对于分相式异步电动机来说,在定子绕组中通入单相交流电时,电动机内部产生一个大小及方向随时间沿定子绕组轴线方向变化的磁场,称为脉动磁场,如图 2-114 所示。

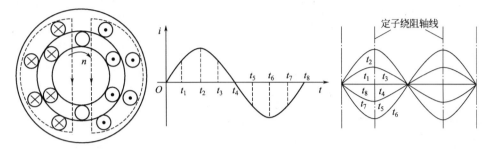

图 2-114 单相脉动磁场

若单相异步电动机定子铁芯只具有单相绕组,则由其产生的脉动磁通的轴线在空间上是固定不变的,这种磁通不可能使转子启动旋转,这是因为:随时间变化的脉动磁场可以分解为两个大小相等、转速相同、方向相反的旋转磁场 B_1、B_2,如图 2-115 所示。顺时针方向转动的旋转磁场 B_1 对转子产生顺时针方向的电磁转矩;逆时针方向转动的旋转磁场 B_2 对转子产生逆时针方向的电磁转矩。由于在任何时刻这两个电磁转矩都大小相等、方向相反,所以电动机转子的合力为零,转子是不会转动的,也就是说单相异步电动机的启动转矩为零。但是,如果用外力使转子顺时针转动一下,这时顺时针方向转矩大于逆时针方向转矩,转子就会按顺时针方向不停地旋转。当然,反方向旋转也是如此。

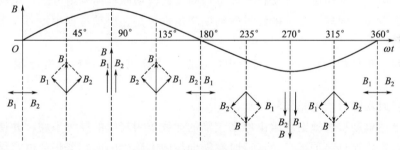

图 2-115 脉动磁场的分解

通过上述分析可知,单相异步电动机虽无启动转矩,却有运行转矩,其转动的关键是能产生一个启动转矩。只要能产生启动转矩,就能带负载运行。

(1) 电阻分相启动单相异步电动机

电阻分相启动单相异步电动机,在定子上嵌有两个单相绕组,一个称为主绕组(或称为工作绕组),一个称为辅助绕组(或称为启动绕组)。两个绕组在空间相差 90°电角度,它们接在同一单相电源上,等效电路如图 2-116(a) 所示。

S 为一离心开关,平时处于闭合状态。电动机的辅助绕组一般要求阻值较大,因此采用较细的导线绕成,以增大电阻(匝数可以与主绕组相同,也可以不同)。由于主绕组和辅助绕组的阻抗不同,流过两个绕组的电流的相位也不同,一般使辅助绕组中的电流领先于主绕组中的电流,形成了一个两相电流系统,这样就在电动机中形成旋转磁场,从而产生启动

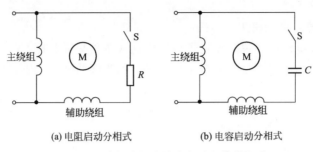

(a) 电阻启动分相式   (b) 电容启动分相式

图 2-116 单相分相式异步电动机等效电路

转矩。

通常辅助绕组是按短时运行设计的，为了避免辅助绕组长期工作而过热，在启动后，当电动机转速达到一定数值时，离心开关 S 自动断开，把辅助绕组从电源切断。由于主、辅绕组的阻抗都是感性的，因此两相电流的相位差不可能很大，更不可能达到 90°，由此而产生的旋转磁场椭圆度较大，所以产生的启动转矩较小，启动电流较大。

电阻启动单相分相异步电动机一般用于小型鼓风机、研磨搅拌机、小型钻床、医疗器械、电冰箱等设备中。其特点是启动结束后，辅助绕组（启动绕组）被自动切断。

（2）电容分相启动单相异步电动机

结构上，电容启动单相分相电动机和电阻启动单相分相异步电动机相似，只是在辅助绕组中串入一个电容，如图 2-116(b) 所示。

当电动机静止不动或转速较低时，装在电动机后端盖上的离心开关 S 处于闭合状态，因而辅助绕组连同电容器与电源接通。当电动机启动完毕后，转速接近同步转速的 75%～80% 时，由于离心力的作用，自动将开关 S 切断，此时切断辅助绕组电路，电动机便作为单相电动机稳定运转。同理，这种电动机的辅助绕组也只是在启动过程中短时间工作，因此导线选择得也较细。

电容启动单相分相电动机一般用于小型水泵、冷冻机、压缩机、电冰箱、洗衣机等设备中。

（3）电容启动运行式单相异步电动机

如果将上述电动机的辅助绕组由原来较细的导线改为较粗的导线串联，并使辅助绕组不仅产生启动转矩，而且参加运行，运行时在辅助绕组电路中的电容器仍与电路接通，保持启动时产生的两相交流电和旋转磁场的特性，即保持一台两相异步电动机的运行，这样不仅可以得到较大的转矩，而且电动机的功率因数、效率、过载能力都比普通单相电动机要高，如图 2-117(a) 所示。这种带电容器运行的电动机，称为单相电容式异步电动机，或称单相电容运转电动机。

为了提高电容式电动机的功率因数和改善启动性能，电容式电动机常备有两个容量不同的电容器，如图 2-117(b) 所示。在启动时，并联一个容量较大的启动电容器 C_1。启动完毕，离心开关自动断开，使启动电容器 C_1 脱离电源，而辅助绕组与容量较小的电容器 C_2 仍串联在电路中参与正常运行。电容式电动机电容的容量比电容分相电动机的容量要小，启动转矩也小，因此启动性能不如电容分相电动机。

2. 罩极式电动机

凸极式罩极电动机的绕组中通以单相交流电时，同样会产生一脉振磁通。脉振磁通的一

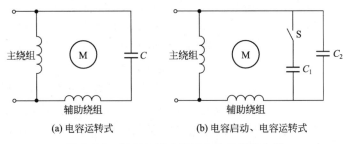

(a) 电容运转式　　　　　　(b) 电容启动、电容运转式

图 2-117　单相电容式异步电动机等效电路

部分通过磁极的未罩部分，一部分通过短路环。后者在短路环中感生电动势，并产生电流。根据楞次定律，电流的作用总是阻止磁通变化，在绕组电流 i 从 0 向上增至 a 这段时间内，如图 2-118(a) 所示，由于 i 及磁通 Φ 上升得较快，在短路铜环中感应出较大的电流 i_k，其方向与 i 的方向相反，以阻碍短路铜环中磁通的增加；罩极部分的磁通密度小于未罩部分的磁通密度，因此，整个磁极的磁场中心线偏向未罩部分的磁极。

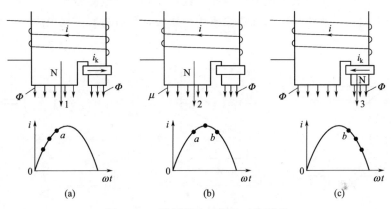

图 2-118　罩极式电动机的工作原理

在绕组电流 i 从 a 点变化到 b 点这段时间内，如图 2-118(b) 所示。由于 i 的变化率很小，在短路铜环中感应出的电流 i_k 便接近于 0，整个磁极的磁力线接近均匀分布，磁极的磁场中心线位于磁极的中心。

在绕组电流 i 从 b 点下降到零这段时间内，如图 2-118(c) 所示。由于 i 及 Φ 的数值减小得较快，在短路铜环中感应出较大的电流，其方向与 i 的方向相同，因而罩极部分的磁通密度较大，这样，整个磁极的磁场中心线偏向罩极部分。

由此可见，随着电流 i 的变化，磁场的中心线从磁极的未罩部分移向被罩部分，使通过短路环部分的磁通与通过磁极未罩部分的磁通在时间上不同相，并且总要滞后一个角度。于是就会在电动机内产生一个类似于旋转磁场的"扫动磁场"，扫动的方向由磁极未罩部分向着短路环方向。这种扫动磁场实质上是一种椭圆度很大的旋转磁场，从而使电动机获得一定的启动转矩。

单相罩极式异步电动机的主要优点是结构简单、成本低、维护方便。但启动性能和运行性能较差，所以主要用于小功率电动机的空载启动场合，如电风扇、录音机和电唱机等。

（四）单相异步电动机的调速

单相异步电动机在很多时候有不同的转速要求，例如家用落地扇一般有三挡风速，吊扇一般有五挡转速，家用空调也有多种风速。单相异步电动机的调速方法主要有变频调速、串电抗器调速、晶闸管调压调速、串电容器以及绕组抽头调速等。在日常生活中，串电抗器调速和抽头法调速最为常见。

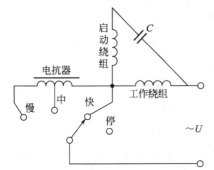

图 2-119　单相异步电动机串电抗器
调速的接线图

1. 串电抗器调速

在电动机的电源线路中串入起分压作用的电抗器，通过开关选择电抗器绕组的匝数来改变电抗值，从而改变电动机的输入电压，达到调速的目的。串电抗器调速的接线图如图 2-119 所示，串电抗器调速的优点是结构简单、调速方便，但消耗的材料较多，吊扇电动机常采用此方法调速。

2. 抽头法调速

在电动机定子铁芯的主绕组上多嵌放一个调速绕组，调速绕组与主绕组的连接方法如图 2-120 所示。由调速开关 S 改变调速绕组串入主绕组支路的匝数，达到改变气隙磁场的目的，从而改变电动机的速度。绕组抽头调速法与串电抗器调速法相比较，节省材料、耗电少，但绕组嵌放和接线较复杂。

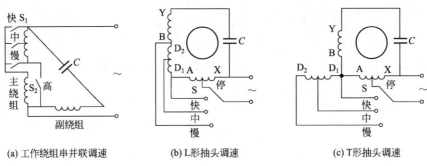

(a) 工作绕组串并联调速　　　(b) L形抽头调速　　　(c) T形抽头调速

图 2-120　单相异步电动机抽头调速

以上调速方法对于罩极式异步电动机也适用，广泛应用于生活、工业等各个领域，例如，电风扇、洗衣机、电冰箱、吸尘器、电唱机、鼓风机，众多的医疗器械和自动控制系统等。

三、任务实施

(一) 电风扇电动机的控制电路

1. 任务实施要求

掌握电风扇用单相电动机控制线路的安装与检测。

2. 任务实施所需设备

(1) 80 单相电机　　　　　　　　　　　　　　1台

(2) CBB61 1.5μF/450V　台风扇用电容器　　　1个

　　　CBB61 2.4μF/450V　吊扇用电容器　　　　1个

(3) 万用表　　　　　　　　　　　　　　　　1块

(4) 风扇用定时器　　　　　　　　　　　　　1台

(5) 指示灯　　　　　　　　　　　　　　　　1个

(6) 调速开关　　　　　　　　　　　　1个

(7) 电抗器　　　　　　　　　　　　　1个

(8) 电工工具　　　　　　　　　　　　1套

3. 任务实施步骤

(1) 配置所用电气元件并检验型号及性能。

(2) 按图2-121或图2-122连接各电气元件，并将连线整理好。

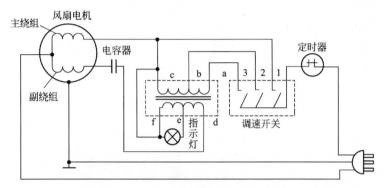

图 2-121　台风扇电抗器调速电路图

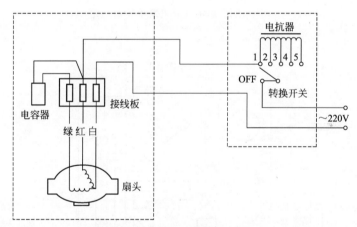

图 2-122　吊扇电抗器调速电路图

(3) 连接电源、电动机等控制板外部的导线。

(4) 自检。检查电路时，按电路图或接线图从电源端开始，逐段核对接线有无漏接、错接之处，检查导线接点是否符合要求，压接是否牢固。

(5) 通电试车。

接电前必须征得教师同意，并由教师接通电源和现场监护。做好线路的安装检查后，按安全操作规定进行试运行，即一人操作，一人监护。

(二) 洗衣机电动机的控制电路

1. 任务实施要求

掌握洗衣机用单相电动机控制线路的安装与检测。

2. 任务实施所需设备

(1) XDT-180 单相异步电机　　　　　　1台

（2）CBB60 8μF/450V　电容器　　　　　　　　1个

　　　CBB60 4μF/450V　电容器　　　　　　　　1个

（3）万用表　　　　　　　　　　　　　　　　1块

（4）洗衣机用定时器　　　　　　　　　　　　2个

（5）选择开关　　　　　　　　　　　　　　　1个

（6）电工工具　　　　　　　　　　　　　　　1套

3. 任务实施步骤

任务实施步骤参照洗衣机线路的安装。

生活中洗衣机种类很多，其控制线路也不完全相同，单桶洗衣机简单控制线路如图 2-123 所示，双桶洗衣机典型控制线路如图 2-124 所示。

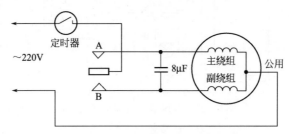

图 2-123　单桶洗衣机简单控制线路

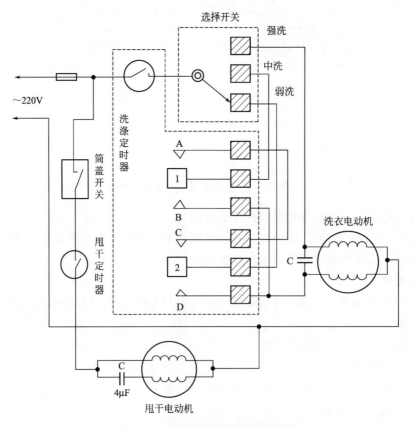

图 2-124　双桶洗衣机典型控制线路

四、知识拓展——单相异步电动机常见故障及检修方法（表 2-15）

表 2-15　单相异步电动机常见故障及检修方法

故障现象	产生原因	检修方法
电源电压正常,但通电后电动机不转	(1)定子绕组或转子绕组开路; (2)离心开关触点未闭合; (3)电容器开路或短路; (4)转轴卡住; (5)定子与转子相碰	(1)定子绕组开路可用万用表查找,转子绕组开路可用短路测试器查找; (2)检查离心开关触点、弹簧等,加以调整或修理; (3)更换电容器; (4)清洗或更换轴承; (5)找出原因对症处理
电动机接通电源后熔断丝熔断	(1)定子绕组内部接线错误; (2)定子绕组有匝间短路或对地短路; (3)电源电压不正常; (4)熔丝选择不当	(1)用指南针查找绕组接线; (2)用短路测试器检查绕组是否有匝间短路,用兆欧表测量绕组对外壳的绝缘电阻; (3)用万用表测量电源电压; (4)更换合适的熔丝
电动机温度过高	(1)定子绕组匝间短路或对地短路; (2)离心开关触点不断开; (3)启动绕组与工作绕组接错; (4)电源电压不正常; (5)电容器变质或损坏; (6)定子与转子相碰; (7)轴承不良	(1)用短路测试器检查绕组是否有匝间短路,用兆欧表测量绕组对壳的绝缘电阻; (2)检查离心开关触点、弹簧等,加以调整或修理; (3)测量两组绕组的直流电阻,电阻大者为启动绕组; (4)用万用表测量电源电压; (5)更换电容器; (6)找出原因对症处理; (7)清洗或更换轴承
电动机运行时噪声大或振动过大	(1)定子与转子轻度相碰; (2)转轴变形或转子不平衡; (3)轴承故障; (4)电动机内部有杂物; (5)电动机装配不良	(1)找出原因对症处理; (2)如无法调整,则需更换转子; (3)清洗或更换轴承; (4)拆开电动机,清除杂物; (5)重新装配
电动机外壳带电	(1)定子绕组在槽口处绝缘损坏; (2)定子绕组端部与端盖相碰; (3)引出线或接线处绝缘损坏与外壳相碰; (4)定子绕组槽内绝缘损坏	(1)～(3)寻找绝缘损坏处,再用绝缘材料、绝缘漆加强绝缘; (4)重新嵌线
电动机绝缘电阻降低	(1)电动机受潮或灰尘较多; (2)电动机过热后绝缘老化	(1)拆开后清扫并进行烘干处理; (2)重新浸漆处理

习题与思考

1. 简述三相异步电动机的结构组成。

2. 三相异步电动机主要分为哪几种类型？

3. 小型三相异步电动机的拆卸步骤是什么？拆卸过程需要注意哪些事项，需要哪些工具？

4. 三相异步电动机装配好之后需要检测哪些内容？

5. 我国生产的异步电动机主要产品系列有哪些？

6. 旋转磁场的方向和速度分别与哪些因素有关？

7. 描述三相异步电动机的工作原理。

8. 三相异步电动机断了一根电源线后将不能启动，而在运行时若断了一根线仍能继续转动，为什么？这两种情况对电动机将产生什么影响？

9. 怎样区分三相异步电动机的三种运行状态？

10. 什么是临界转差率？

11. 一台三相异步电动机，其定子槽数 $Z=36$，$2p=6$，计算其极距 τ、每极每相槽数 q 和槽距角 α，并画出其单层链式绕组的展开图。

12. 简述电动机基本控制线路的安装步骤。

13. 电气元件安装前应如何进行检验？

14. 什么叫做"自锁"？如果自锁点因触点熔焊而不能断开会出现什么现象？

15. 如果电动机的主电路中安装有熔断器，还是否需要安装热继电器？它们的作用有什么不同？如果只装有热继电器而不装熔断器，可以吗？为什么？

16. 分析图 2-125 中的各控制电路的故障现象，说明故障原因并加以改进。

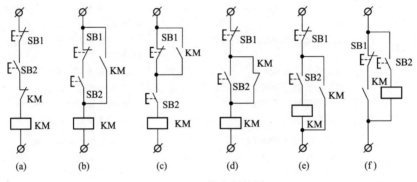

图 2-125　能力训练图

17. 在电动机控制线路中，短路、过载、失压、欠压保护等功能是如何实现的？在实际运行过程中，这几种保护有何意义？

18. 开关控制的正反转线路的特点是什么？适合用于哪种场合？

19. 分析双重互锁正反转控制线路与单一电气互锁正反转控制线路的区别，并说明互锁（联锁）的含义。

20. 按钮和接触器双重联锁的控制线路中，为什么不能过于频繁进行正反向切换？

21. 行程开关在自动往返控制电路中的作用是什么？

22. 什么电机可以直接启动？什么电机需采用降压启动？

23. 画出 Y-△降压启动的控制线路，描述其控制过程，并指出 Y-△降压启动的控制线路有什么特点？

24. 试画出绕线式异步电动机转子串电阻器启动的控制电路，并说明其控制过程。

25. 什么是变极调速？三相异步电动机怎样实现变极调速？

26. 对于三相笼型异步电动机，有几种调速方法？

27. 为什么双速电动机通常须先低速启动后再转入高速运行？

28. 双速电动机变速时对相序有什么要求？

29. 现有一台双速笼型感应电动机，要求其能够低速启动、低速运行和低速启动、高速运行两种启动、运行状态，试按以下要求设计其电路图。

① 分别由两个按钮控制电动机的高速启动和低速启动，由同一个按钮控制电动机停止。

② 电动机高速启动时，先接成低速，经延时后自动换接成高速。

③ 具有必要的保护。

30. 能耗制动、反接制动、回馈制动分别怎样实现？它们的应用有什么不同？

31. 描述按速度原则控制的单向运行反接制动控制线路的控制过程。

32. 分相式单相异步电动机与罩极式异步电动机在结构、工作原理上有什么不同？

33. 分相式单相异步电动机有几种分相方式？

34. 单相异步电动机的常见故障有哪些？怎样将它们排除？

项目三

直流电机的认识

电动机有直流电动机和交流电动机两大类，直流电动机虽不及交流电动机结构简单、制造容易、维护方便、运行可靠，但由于长期以来交流电动机的调速问题未能得到满意解决，在此之前，直流电动机具有交流电动机所不能比拟的良好启动特性和调速性能。到目前为止，虽然交流电动机的调速问题已经解决，但是在速度调节方面要求较高，正、反转和启、制动频繁或多单元同步协调运转的生产机械上，仍采用直流电动机拖动。

直流电机既可用作电动机（将电能转换为机械能），也可用作发电机（将机械能转换为电能）。直流发电机主要用作直流电源，例如，给直流电动机、同步电机的励磁以及化工、冶金、采矿、交通运输等部门的直流电源。目前由于晶闸管等整流设备的大量使用，直流发电机已经逐步被取代，但从电源的质量与可靠性来说，直流发电机仍有优点，所以，直流发电机现在仍有一定的应用。

本项目介绍直流电机的结构、转动原理及运行特性，直流电机的启动、反转、调速和制动，包括直流电动机的认识与拆装、直流电动机的运行特性、直流电动机的启动、反转、调速和制动三个任务。

任务1　直流电动机的认识与拆装

一、任务描述与目标

在电机发展的历史上，直流电机发明较早，它的电源是电池，后来才出现了交流电机。当发明了三相交流电以后，交流电机得到了迅速发展，但是直流电机具有调速性能好，过载能力高、启动转矩大和易于控制等特点，在工业领域里仍然有使用。

本次任务的目标是：

(1) 认识直流电动机的结构部件。

(2) 能根据结构说明电动机的工作原理。

(3) 能认识直流电动机的铭牌数据。

(4) 会正确拆装常见小型直流电动机。

(5) 在小组实施项目过程中培养团队合作意识。

二、相关知识

（一）直流电动机的结构

直流电动机结构根据用途、环境等不同，种类多种多样，下面通过一个普通小型直流电动机的例子做简要分析，其装配结构如图 3-1 所示。

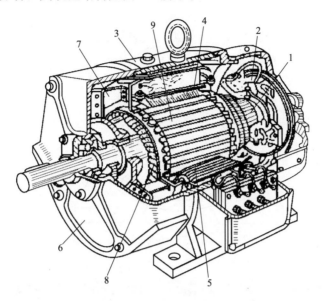

图 3-1 小型直流电动机的装配结构

1—换向器；2—电刷装置；3—机座；4—主磁极；5—换向极；6—端盖；

7—风扇；8—电枢绕组；9—电枢铁芯

直流电动机的结构是多种多样的，这里不能详细介绍，主要介绍一下它的主要结构。直流电动机主要由定子部分、转子部分、气隙、电刷装置和风扇等零部件组成。如图 3-2 所示是一台常用的小型直流电动机纵剖面示意图，如图 3-3 所示是一台两极直流电动机横剖面示意图。

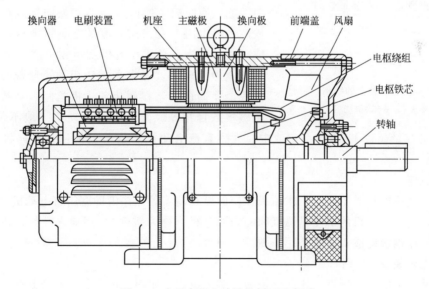

图 3-2 小型直流电动机纵剖面示意图

1. 定子部分

直流电动机的定子主要用于安放磁极和电刷，并作为机械支撑，它包括机座、主磁极、换向磁极、电刷装置和端盖等。

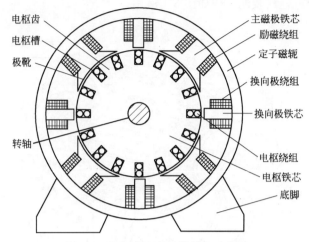

图 3-3　两极直流电机横剖面示意图

（1）主磁极

直流电动机主磁极的结构如图 3-4 所示。主磁极用来产生气隙磁场，并使电枢表面的气隙磁通密度按一定波形沿空间分布。主磁极包括主磁极铁芯和励磁绕组。主磁极铁芯由 1～1.5mm 厚的低碳钢薄板冲片叠压而成。励磁绕组用圆形或矩形纯铜绝缘电磁线制成，各磁极的励磁绕组串联连接成一路，以保证各主磁极励磁绕组的电流相等。

（2）换向极

换向极也称为附加极，用于改善直流电动机的换向性能。换向极由换向极铁芯和换向极绕组组成。其铁芯一般也用 1～1.5mm 厚的低碳钢薄板冲片叠压而成。换向极绕组必须和电枢绕组相串联，由于要通过的电枢电流较大，通常采用较粗的矩形截面导体绕制而成。换向极安装在两相邻主极之间，其数目一般与主磁极数目相等。微型直流电动机一般不装换向极；

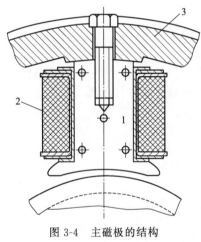

图 3-4　主磁极的结构

1—主磁极铁芯；2—励磁绕组；3—机座

一般电动机容量超过 1kW 的小型或中、大型直流电动机多数装设换向。换向极示意图如图 3-5 所示。

（3）机座

直流电动机的机座用来固定主磁极、换向极和端盖等，并借助底脚将电动机固定在基础上。同时，直流电动机的机座是磁极间的磁通路径（称为磁轭），用导磁性好、机械强度较高的铸钢或厚钢板制成，不能采用铸铁。

（4）电刷装置

电刷装置由电刷、刷握、压紧弹簧和刷辫等组成，如图 3-6 所示。电刷放在刷握上的刷盒内，用弹簧将电刷压紧与换向器表面紧密接触，保证电枢转动时电刷与换向器表面有良好的接触。电刷装置与换向器配合和静止的外电路联通。

（5）端盖

电动机中的端盖主要起支撑作用。端盖固定于机座上，其上放置轴承支撑直流电动机的转轴，使直流电动机能够旋转。

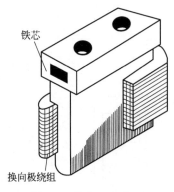

图 3-5 换向极示意图

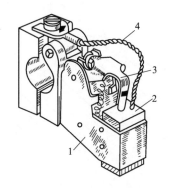

图 3-6 电刷装置
1—刷握；2—电刷；3—压紧弹簧；4—刷辫

2. 转子部分

直流电动机的转子是电动机的转动部分，又称为电枢，由电枢铁芯、电枢绕组、换向器、电动机转轴和轴承等部分组成。

（1）电枢铁芯

电枢铁芯主要用来嵌放电枢绕组和作为直流电动机磁路的一部分。铁芯表面有均匀分布的齿和槽，槽中嵌放电枢绕组。由于转子在定子主磁极产生的恒定磁场内旋转，因此，电枢铁芯内的磁通是交变的，为减少涡流和磁滞损耗，通常用两面涂绝缘漆的 0.5mm 硅钢片叠压而成，冲片上有均匀分布的嵌放电枢绕组的槽和轴向通风孔。如图 3-7 所示。

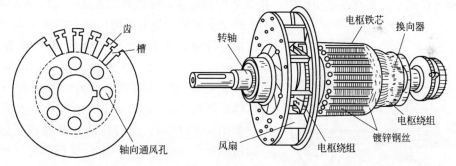

图 3-7 小型直流电动机的电枢冲片形状和转子结构

（2）电枢绕组

电枢绕组是产生感应电动势和电磁转矩，实现机电能量转换的关键部件。容量较小的直流电机的电枢绕组用圆形电磁线绕制而成，而大多数直流电机的电枢绕组均用矩形绝缘导线绕制成定形线圈，然后嵌入电枢铁芯的槽中。

在电动机中每一个线圈称为一个元件，多个元件有规律地连接起来形成电枢绕组。绕制好的绕组或成型绕组放置在电枢铁芯上的槽内，放置在铁芯槽内的直线部分在电动机运转时将产生感应电动势，称为元件的有效部分；在电枢槽两端把有效部分连接起来的部分称为端接部分，端接部分仅起连接作用，在电动机运行过程中不产生感应电动势。为便于嵌线，每个元件的一个元件边放在转子铁芯的某一个槽的上层（称为上层边），另一个元件边则放在转子铁芯的另一个槽的下层（称为下层边），如图 3-8 所示。绘图时为了清楚，将上层边用实线表示，下层边用虚线表示。

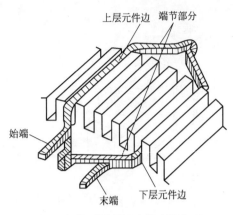

图 3-8　绕组元件边在槽中的位置

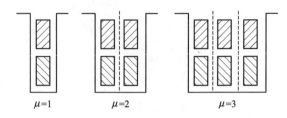

图 3-9　实槽与虚槽

直流电动机转子铁芯上实际开出的槽叫实槽。直流电动机转子绕组往往由较多的元件构成，但由于工艺等原因，转子铁芯开的槽数不能太多，通常在每个实槽内的上、下层并列嵌放若干个元件边，如图 3-9 所示。这样把每个实槽划分为 μ 个虚槽，而每个虚槽的上、下层有一个元件边，这样实槽数为 Z，总虚槽数为 Z_i，则 $Z_i = \mu Z$。

铁芯与线圈之间以及上、下层线圈之间都必须妥善绝缘。为了防止电枢旋转时离心力的作用，绕组在槽内部分用绝缘槽楔固定，而伸到槽外的端接部分则用非磁性钢丝扎紧在圈支架上。

（3）换向器

又称为整流子。在直流电动机中，换向器配以电刷，能将外加直流电源转换为电枢线圈中的交变电流，使电磁转矩的方向恒定不变。在直流发电机中，换向器配以电刷，能将电枢线圈中感应产生的交变电动势转换为正、负电刷上引出的直流电动势。换向器是由许多换向片组成的圆柱体，换向片之间用云母片绝缘，换向器结构通常如图 3-10 所示，换向片的下部做成鸽尾形，两端用钢制 V 形套筒和 V 形云母环固定，再用螺母锁紧。

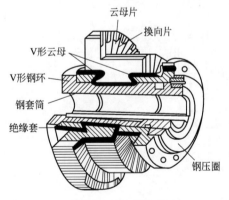

图 3-10　换向器结构

3. 气隙

定、转子之间的气隙是主磁路的一部分，其大小直接影响运行性能。由于气隙磁场由直流励磁产生，因此，直流电动机的气隙可比异步电动机大得多，小型直流电动机为 1～3mm，大型直流电动机可达 12mm。

4. 转轴

转轴在转子旋转时起支撑作用，需有一定的机械强度和刚度，一般用圆钢加工而成。

（二）直流电动机的分类与铭牌数据

1. 直流电动机的分类

励磁方式是指励磁绕组中励磁电流获得的方式。直流电动机按照励磁方式不同可以分为他励、并励、串励和复励 4 种，如图 3-11 所示，其中复励又分为短复励和长复励。直流电动机采用不同的励磁方式时，电动机的运行性能差别很大。

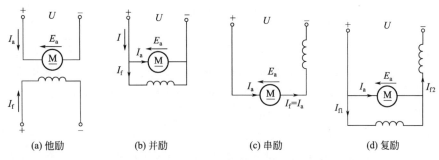

图 3-11　直流电动机的励磁方式

（1）他励直流电动机

他励直流电动机的励磁绕组和转子绕组分别由两个不同的电源供电，这两个电源的电压可以相同，也可以不同，其接线图如图 3-11（a）所示。他励直流电动机具有较硬的机械特性，励磁电流与转子电流无关，不受转子回路的影响。这种励磁方式的直流电动机一般用于大型和精密直流电动机控制系统中。

（2）自励直流电动机

自励直流电动机又分为并励直流电动机、串励直流电动机和复励直流电动机。

① 并励直流电动机。

并励直流电动机的励磁绕组和转子绕组由同一个电源供电，如图 3-11（b）所示。并励直流电动机的特性与他励直流电动机的特性基本相同，但比他励直流电动机节省了一个电源。中、小型直流电动机多为并励。

② 串励直流电动机。

串励直流电动机的励磁绕组与转子回路串联，其接线图如图 3-11（c）所示。串励直流电动机具有很大的启动转矩，常用于启动转矩要求很大且转速有较大变化的负载，如电瓶车、起货机、起锚机、电车、电传动机车等。但其机械特性很软，空载时有极高的转速，禁止其空载或轻载运行。

③ 复励直流电动机。

复励电动机的励磁绕组分为两部分：一部分与电枢绕组并联，是主要部分；另一部分与电枢绕组串联，如图 3-11（d）所示。

直流电动机若按结构形式分类，还可分为开启式、防护式、封闭式和防爆式；按功率大小分类，可分为小型、中型和大型。

2. 直流电动机的铭牌数据

直流电动机制造厂在每台直流电动机机座的显著位置钉有一块标牌，这块标牌就是直流电动机的铭牌，铭牌上标明了型号、额定数据等与直流电动机有关的一些信息，供用户选择和使用直流电动机时参考。

（1）型号

直流电动机的型号一般用大写印刷体的汉语拼音字母和阿拉伯数字表示。其中汉语拼音字母是根据直流电动机的全名称选择有代表意义的汉字，再从该字的拼音中得到。

以 Z_2-72 为例说明一下。

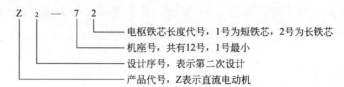

电枢铁芯长度代号，1号为短铁芯，2号为长铁芯

机座号，共有12号，1号最小

设计序号，表示第二次设计

产品代号，Z表示直流电动机

产品代号的含义为：Z 系列，一般用途直流电动机，如 Z_2、Z_3、Z_4 等系列；ZJ 系列，精密机床用直流电动机；ZT 系列，广调速直流电动机；ZQ 系列，牵引直流电动机；ZH 系列，船用直流电动机；ZA 系列，防爆安全型直流电动机；ZKJ 系列，挖掘机用直流电动机；ZZJ 系列，冶金起重机用直流电动机。

（2）额定值

额定值是电机生产企业按国家标准对电机产品在指定工作条件下（即额定工作条件）所规定的一些量值。

① 额定功率 P_N（kW） 也称额定容量。指电机额定状态下运行时，电机的输出功率。

对于直流发电机，P_N 是指输出的电功率，它等于额定电压和额定电流的乘积。$P_N = U_N I_N$。

对于直流电动机，P_N 是指输出的机械功率，$P_N = U_N I_N \eta_N$。

② 额定电压 U_N（V） 指额定状态下电枢出线端的电压。

③ 额定电流 I_N（A） 指直流电动机在额定电压、额定功率时的电枢电流值。

④ 额定转速 n_N（r/min） 指额定状态下运行时转子的转速。

⑤ 额定转矩 T_N（N·m） 指直流电动机带额定负载运行时，输出的机械功率与转子额定角速度的比值。

⑥ 额定效率 η_N 指直流电动机带额定负载运行时，输出的机械功率与输入的电功率之比。

⑦ 额定励磁电流 I_{fN}（A） 指直流电动机带额定负载运行时，励磁回路所允许的最大励磁电流。

此外，还有一些物理量的额定值，如额定温升等，不一定标在电机铭牌上。

（3）其他有关信息

直流电动机的铭牌上还标有励磁方式、绝缘等级、防护等级、工作制、重量、出厂日期、出厂编号、生产单位等。

（三）直流电动机的工作原理

1. 直流电动机的工作原理

在直流电动机的转子线圈上加上直流电源，借助于换向器和电刷的作用，转子线圈中流过方向交变的电流，在定子产生的磁场中受电磁力，产生方向恒定不变的电磁转矩，使转子朝确定的方向连续旋转，这就是直流电动机的转动原理。可以用一个简单的模型来说明，如图 3-12 所示。

图 3-12 中，N 和 S 是一对固定的磁极，磁极之间有一个可以转动的线圈 abcd，线圈的两端分别接到相互绝缘的两个称为换向片的弧形铜片上，在换向片上放置固定不动而与换向片滑动接触的电刷 A 和 B，线圈 abcd 通过换向片和电刷接通外电路。

此模型作为直流电动机运行时，电源加于电刷 A 和 B。例如将直流电源正极加于电刷 A，电源负极加于电刷 B，线圈 abcd 中流过电流，在导体 ab 中，电流由 a 流向 b；在导体

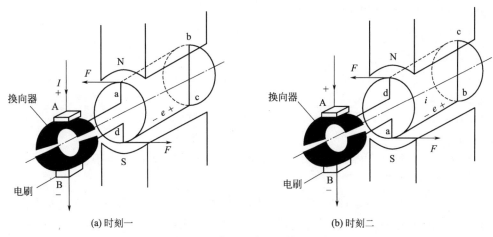

(a)时刻一 　　　　　　　　　　　　　　(b)时刻二

图 3-12　直流电动机的转动原理

cd 中，电流由 c 流向 d。导体 ab 和 cd 均处于 N、S 极之间的磁场当中，受电磁力作用，导体、换向片随转轴一起转动，电磁力的方向即直流电动机转向可用左手定则确定，经判定该转向为逆时针。线圈逆时针旋转 180°，导体 cd 转到 N 极下，ab 转到 S 极下，如图 3-12(b)所示。由于电流仍从电刷 A 流入，使 cd 中的电流变为由 d 流向 c，而 ab 中的电流由 b 流向 a、从电刷 B 流出，用左手定则判断，转向仍是逆时针。即电磁力方向或直流电动机的转向可按左手定则判断。电磁力可用下式确定：

$$F = BIL \tag{3.1}$$

式中，F 为作用在线圈导体上的电磁力；B 为线圈导体所在位置的磁感应强度；L 为线圈导体在磁场中的长度；I 为线圈导体中的电流。

2. 直流电机的可逆原理

直流发电机和电动机工作原理模型的结构完全相同，但工作原理又不同。

(1) 直流发电机。当发电机带负载以后，就有电流流过负载，同时也流过线圈，其方向与感应电动势方向相同。根据电磁力定律，载流导体 ab 和 cd 在磁场中会受力的作用，形成的电磁转矩方向为顺时针方向，与转速方向相反。这意味着，电磁转矩阻碍发电机旋转，是制动转矩。

为此，原动机必须用足够大的拖动转矩来克服电磁转矩的制动作用，以维持发电机的稳定运行。此时发电机从原动机吸取机械能，转换成电能向负载输出。

(2) 直流电动机。当电动机旋转起来后，导体 ab 和 cd 切割磁力线，产生感应电动势，用右手定则判断出其方向与电流方向相反，这意味着，此电枢电动势是一个反电动势，它阻碍电流流入电动机。

所以，直流电动机要正常工作，就必须施加直流电源以克服反电动势的阻碍作用，把电流送入电动机。此时，电动机从直流电源吸取电能，转换成机械能输出。

三、任务实施

(一) 任务实施内容

直流电动机的拆装。

(二) 任务实施要求

(1) 掌握小型直流电动机的拆卸及安装的方法。

（2）撰写安装与测试报告。

（三）任务所需设备

（1）直流电动机	1台
（2）1.5～3V 直流电源	1台
（3）兆欧表	1块
（4）万用表	1块
（5）电工工具	1套

（含顶拔器、活扳手、榔头、螺丝刀、紫铜棒、钢套筒、毛刷、钳子、螺丝刀）

（四）任务实施步骤

（1）观察直流电动机的结构，抄录电动机的铭牌数据，将有关数据填入任务单中。

（2）用手拨动电动机的转子，观察其转动情况是否良好。

（3）拆装直流电动机。直流电动机的拆卸步骤如下：

① 拆除电动机外部连接导线，并做好线头对应连接标记。用利器或用油漆等在端盖与机座止口处做好明显的标记；有联轴器的电动机，要做好电动机轴伸端与联轴器上的尺寸标记。

② 拆除电动机的底脚螺钉；拆除与电动机相连接的传动装置；拆去轴伸端的联轴器或带轮。

③ 拆去换向器端的轴承外盖；打开换向器端的视察窗，从刷盒中取出电刷，再拆下刷杆上的连接线；拆下换向器端的端盖，取出刷架；用纸板或白布把换向器包好。

④ 小型直流电动机，可先把轴伸端端盖固定螺栓松掉，用木锤敲击前轴端，有退端盖螺孔的用螺栓插入螺孔，使端盖上口与机座脱开，把带有端盖的电机转子从定子内小心地抽出。注意防止碰伤换向器和电枢绕组。

⑤ 将带后端盖的电枢放在木架上，再拆除轴伸端的轴承盖螺钉，取下轴承外盖及端盖。如发现轴承已经损坏，则用拉具将轴承取下；如无特殊原因，则不要拆卸。

⑥ 电动机的电枢、定子的零部件如有损坏，则还需继续拆卸，并做好记录。

⑦ 清除电动机内部的灰尘和杂物，如轴承润滑油脂已脏，则需要更换润滑油脂；测量电动机各绕组的对地绝缘电阻。

⑧ 重新装配好电动机；装配后要调整电刷中性线和电刷压力。

将以上拆装有关情况记入任务单中。

（4）电动机装配后进行检验，将有关数据详细记录与任务单中。

（5）小型直流电动机拆装任务单

班级：_____ 组别：_____ 学号：_____ 姓名：_____ 操作日期：_____

测试前准备			
序号	准备内容	准备情况自查	
1	知识准备	直流电动机结构是否熟悉	是□ 否□
		直流电动机的工作原理是否了解	是□ 否□
		电动机拆装方法是否掌握	是□ 否□
2	材料准备	直流毫伏表是否完好	是□ 否□
		电动工具是否齐全	是□ 否□
		兆欧表是否完好	是□ 否□
		万用表是否完好	是□ 否□

续表

		测试过程记录
步骤	内容	数据记录
1	抄录你的电动机的铭牌数据	型号: 励磁方式: 额定功率: 励磁电压: 额定电压: 励磁电流: 额定电流: 工作方式: 额定转速: 温升:
2	拆装前的准备	(1)拆卸地点: (2)拆卸前做记号: ① 联轴器与皮带轮与轴台的距离 ＿＿＿＿＿＿＿＿＿ mm ② 端盖与机座间做记号于＿＿＿＿＿＿＿＿＿＿地方 ③ 前后轴承记号的形状 ＿＿＿＿＿＿＿＿＿ ④ 机座在基础上的记号 ＿＿＿＿＿＿＿＿＿
3	拆卸顺序	(1)＿＿＿＿＿＿＿＿＿ (2)＿＿＿＿＿＿＿＿＿ (3)＿＿＿＿＿＿＿＿＿ (4)＿＿＿＿＿＿＿＿＿ (5)＿＿＿＿＿＿＿＿＿ (6)＿＿＿＿＿＿＿＿＿
4	拆卸皮带轮或联轴器	(1)使用工具＿＿＿＿＿＿＿＿＿ (2)工艺要点＿＿＿＿＿＿＿＿＿
5	拆卸轴承	(1)使用工具＿＿＿＿＿＿＿＿＿ (2)工艺要点＿＿＿＿＿＿＿＿＿
6	拆卸端盖	(1)使用工具＿＿＿＿＿＿＿＿＿ (2)工艺要点＿＿＿＿＿＿＿＿＿
7	检测数据	(1)定子铁芯内径＿＿＿＿＿ mm,铁芯长度＿＿＿＿＿ mm (2)转子铁芯内径＿＿＿＿＿ mm,铁芯长度＿＿＿＿＿ mm,转子总长＿＿＿＿＿ mm (3)轴承内径＿＿＿＿＿ mm,外径＿＿＿＿＿ mm (4)键槽长＿＿＿＿＿ mm,宽＿＿＿＿＿ mm,深＿＿＿＿＿ mm
8	用兆欧表检查绝缘电阻	对地绝缘: (1)励磁绕组对机壳: (2)换向绕组对机壳: 励磁绕组、换向绕组之间的绝缘: (1)U、V之间: (2)V、W之间:
9	用万用表检查各绕组直流电阻	励磁绕组: 换向绕组:
10	收尾	电机正确装配完毕□ 仪表挡位回位□ 垃圾清理干净□ 凳子放回原处□ 台面清理干净□
		验收
		优秀□ 良好□ 中□ 及格□ 不及格□ 教师签字: 日期:

（6）任务实施标准

序号	内容	配分	评分细则	得分
1	直流电动机的拆装	70分	(1)端盖处不做标记，每处扣5分 (2)抽转子时碰伤定子绝缘，每处扣10分 (3)损坏部件，每次扣5分 (4)拆卸步骤、方法不正确，每次扣5分 (5)装配前未清理电动机内部，扣5分 (6)不按标记装端盖，扣5分 (7)碰伤定子绝缘，扣5分 (8)装配后转子转动不灵活，扣10分 (9)紧固件未拧紧，每处扣5分	
2	安全操作	30分	(1)不遵守实训室规章制度，扣10分 (2)操作过程中人为损坏元器件，每个扣5分 (3)未经允许擅自通电，扣10分	
总评：				

任务2　直流电动机的运行特性

一、任务描述与目标

直流电动机的电动势、转矩和功率对于直流电动机的运行起着重要的作用。本任务主要学习直流电动机的电动势、转矩和功率及机械特性。

本次任务的主要目标是：

(1) 掌握直流电动机的电动势、转矩和功率的意义；

(2) 掌握直流电动机的电动势平衡方程、机械特性。

二、相关知识

1. 直流电动机的电枢电动势、功率和转矩

(1) 电枢电动势

直流电动机的磁场是由主磁极产生的励磁磁场和电枢绕组电流产生的电枢磁场合成的气隙磁场。当转子旋转时，转子导体又切割气隙合成磁场，产生转子电动势 E_a，在直流电机中，此电动势的方向与转子电流 I_a 的方向相反，称为反电动势。此感应电动势为：

$$E_a = C_E \Phi n \tag{3.2}$$

式中，C_E 为电动势常数，仅与电动机的结构有关；Φ 为气隙每极磁通，Wb；n 为直流电动机的转速，r/min；E_a 为电动机的电枢感应电动势，V。

可见，对于已经制造好的直流电动机，其感应电动势大小正比于每极磁通 Φ 和转速 n。感应电动势的方向可由直流电动机转向和主磁场方向决定。在直流电动机中转子绕组产生的感应电动势相当于反电动势，与外电源电流方向相反。

根据所设各量的正方向，对他励、并励直流电动机来说，电压平衡方程为：

$$U = E_a + I_a R_a \tag{3.3}$$

式中，R_a 为电枢回路的总电阻，其中包括电刷和换向器之间的接触电阻。

(2) 功率及效率

① 直流电动机的功率。

对于他励、并励直流电动机：

$$P_1 = P_2 + P_0 + P_{acu} + P_{fcu} \tag{3.4}$$

式中，P_1 为电源给电动机提供的总功率，即输入功率 $P_1 = UI$，$I = I_a + I_f$ 为电源给电动机提供的输入电流；P_{fcu} 为励磁回路内部消耗的功率，即励磁回路的铜损耗；P_{acu} 为电枢回路的铜损耗。

② 直流电动机的效率。

是指输出功率占输入功率的百分比，即

$$\eta = \frac{P_2}{P_1} \times 100\% \tag{3.5}$$

（3）电磁转矩

根据直流电动机的工作原理，由于转子绕组中有电流流过，转子电流与气隙磁场相互作用将产生电磁力，从而对转轴产生电磁转矩。

$$T_{em} = C_T \Phi I_a \tag{3.6}$$

式中，C_T 为转矩常数，仅与电动机的结构有关；Φ 为气隙每极磁通，Wb；I_a 为电枢电流，A；T_{em} 为电磁转矩，N·m。

可见，对于已经制造好的直流电动机，其电磁转矩大小正比于每极磁通 Φ 和转子电流 I_a。电磁转矩的方向由主磁极磁场方向和转子电流方向决定，根据左手定则可以确定电磁转矩的方向。在直流电动机中电磁转矩的方向与直流电动机的转向相同，起驱动作用。

电磁转矩与转子电动势同时存在于同一台直流电机中，转子电动势常数和转矩常数存在以下的关系：

$$C_T = 9.55 C_E \tag{3.7}$$

2. 常见的生产机械负载特性

（1）恒转矩负载

① 反抗性恒转矩负载，其特性如图 3-13 所示，是指负载转矩的大小不变，但负载转矩的方向始终与生产机械运动的方向相反。例如，电车在平地行驶中所受的负载转矩。

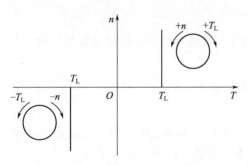

图 3-13 反抗性恒转矩负载特性

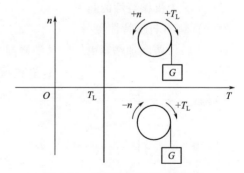

图 3-14 位能性恒转矩负载特性

② 位能性恒转矩负载，其特性如图 3-14 所示，是指不论生产机械运动的方向是否发生变化，负载转矩的大小和方向始终不变。例如，起重机、提升机等提升设备在工作中重物所产生的负载转矩。

（2）恒功率负载

是指负载所需的功率为恒定值。其恒功率负载特性曲线如图 3-15 所示。在不同的转速下，负载转矩基本上与转速成反比，而机械功率 $P_2 = T_L n$ 为常数。例如，车床在切削金属过程中，粗加工时，切削量大，用低速；精加工时，切削量小，用高速。

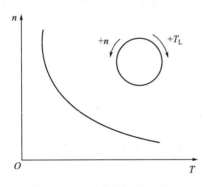

图 3-15 恒功率负载特性曲线

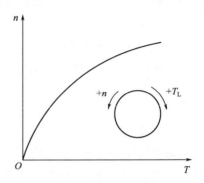

图 3-16 通风机型负载特性曲线

（3）通风机型负载

是指负载转矩 T_L 的大小与转速 n 的平方成正比的生产机械，例如，鼓风机、水泵和油泵等的叶片所受的阻转矩，其负载特性曲线如图 3-16 所示。

3. 直流电动机的机械特性

表示电动机运行状态的两个主要物理量是转速和电磁转矩，电动机的机械特性就是研究电动机的转速 n 和电磁转矩 T_{em} 之间的关系，即 $n = f(T_{em})$。机械特性曲线可分为固有机械特性和人为机械特性。

若他励直流电动机的转子回路的电阻为 R_a，转子电压为 U，磁通为 Φ，则他励直流电动机的机械特性方程为：

$$n = \frac{U}{C_E\Phi} - \frac{R_a}{C_E C_T \Phi^2} T_{em} = n_0 - \beta T_{em} = n_0 - \Delta n \tag{3.8}$$

式中，n_0 为理想空载转速，r/min，$n_0 = \dfrac{U}{C_E\Phi}$；Δn 为转速降，$\Delta n = \dfrac{R_a}{C_E C_T \Phi^2} T_{em} = \beta T_{em}$；$\beta$ 为机械特性的斜率。

① 固有机械特性。

当转子两端加额定电压、气隙磁通为额定值、转子回路不串电阻时的机械特性，称为固有机械特性。

固有机械特性表达式为：

$$n = \frac{U_N}{C_E\Phi_N} - \frac{R_a}{C_E C_T \Phi_N^2} T_{em} \tag{3.9}$$

固有机械特性曲线如图 3-17 所示。

他励直流电动机固有机械特性具有如下特点：

a. 随着电磁转矩 T_{em} 的增大，转速 n 降低，其特性是略微下斜的直线。

b. 当 $T_{em} = 0$ 时，$n = n_0$ 为理想空载转速，因为 T_{em} 是不可能为 0 的，电动机要旋转起来，必须要克服一定的

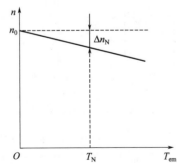

图 3-17 他励直流电动机的
固有机械特性曲线

摩擦力，所以 n_0 是理想化的状态。

c. 机械特性斜率的值很小，特性较平，习惯称之为硬特性，若其值较大，则成为软特性。

d. 当 $T_{em}＝T_N$ 时，转速 $n＝n_N$，此点为电动机的额定工作点。此时，转速差 $\Delta n＝n_0 - n_N＝\beta T_N$，称为额定转速差。一般 $\Delta n \approx 0.05 n_N$。

e. 当 $n＝0$，即电动机启动时，$E_a＝C_E \Phi n＝0$，此时，电枢电流称为启动电流，此时的电磁转矩称为启动转矩，由于电枢电阻很小，启动电流和启动转矩都比额定值大很多（可达额定值的几十倍），这会给电机和传动机构带来危害。

② 人为机械特性。

一台直流电动机只有一条固有机械特性，对于某一负载转矩，只有一个固定的转速，这显然无法达到实际拖动对转速变化的要求。为了满足生产机械加工工艺，例如启动、调速和制动等各种工作状态的要求，还需要人为地改变直流电动机的参数，如转子电压、转子回路串电阻和气隙磁通，相应地得到三种人为机械特性。

a. 转子回路串电阻人为机械特性。

转子加额定电压 U_N，每极磁通为额定值，转子回路串入电阻 R_{pa} 后的人为机械特性表达式为

$$n＝\frac{U_N}{C_E \Phi_N}-\frac{R_a+R_{pa}}{C_E C_T \Phi_N^2}T_{em} \tag{3.10}$$

转子串入不同电阻时的人为机械特性曲线如图 3-18 所示。

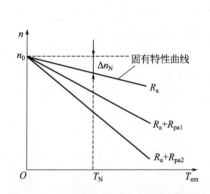

图 3-18 转子串电阻人为机械特性曲线

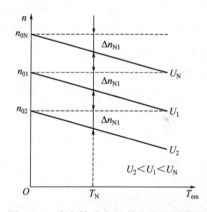

图 3-19 改变转子电压的人为机械特性

这种人为机械特性的特点：理想空载转速 n_0 不变；特性斜率与转子回路串入的电阻有关，电阻越大，斜率越大。故转子回路串电阻的人为机械特性曲线是一组通过理想空载转速点的放射性直线。

b. 改变转子电压的人为机械特性。

保持每极磁通额定值不变，转子回路不串电阻，只改变转子电压大小和方向，其人为机械特性表达式为

$$n＝\frac{U}{C_E \Phi_N}-\frac{R_a}{C_E C_T \Phi_N^2}T_{em} \tag{3.11}$$

改变转子电压的人为机械特性曲线如图 3-19 所示。

改变转子电压的人为机械特性的特点：理想空载转速 n_0 与转子电压 U 成正比，且 U 为负值时，n_0 也为负值；特性斜率不变，与固有机械特性相同。因此改变转子电压 U 的人为机械特性是一组平行于固有机械特性的直线。

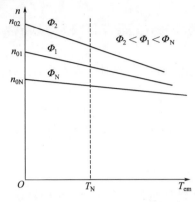

图 3-20 减弱磁通的人为机械特性

c. 减弱磁通的人为机械特性。

减弱磁通的人为机械特性是指转子电压为额定值不变，回路不串电阻，仅减弱磁通的人为机械特性。减弱磁通是通过减小励磁电流（如增大励磁回路的调节电阻）来实现的。其人为机械特性方程为：

$$n = \frac{U_N}{C_E\Phi} - \frac{R_a}{C_E C_T \Phi^2} T_{em} \qquad (3.12)$$

减弱磁通人为机械特性曲线如图 3-20 所示。

减弱磁通人为机械特性的特点：理想空载转速随磁通的减弱而上升；减弱磁通，机械特性变软；

对于一般直流电动机，当 $\Phi = \Phi_N$ 时，磁路已经饱和，再要增加磁通已不容易，所以人为机械特性一般只能在额定值的基础上减弱磁通。

任务3　直流电动机的启动、反转、调速和制动

一、任务描述与目标

在电力拖动系统中，电动机是原动机，作为主要的拖动设备。直流电动机的启动、调速与制动特性是衡量电动机运行性能的重要性能指标。本次任务就以他励直流电动机的拖动为例，分析直流电动机的启动、调速和制动过程中电流和转矩的变化规律。

本次任务的主要目标是：
(1) 理解直流电动机的启动、调速、反转和制动的原理；
(2) 掌握直流电动机的启动、调速、反转与制动的方法；
(3) 了解各自方法适用的场合。

二、相关知识

1. 直流电动机的启动

直流电动机的启动是指转子从静止状态加速到稳定运行状态的过程，为了使直流电动机在启动过程中达到最佳状态，应注意以下几点要求（要求同三相异步电动机）：为了提高生产率，尽量缩短起动时间，首先要求直流电动机有足够大的启动转矩，从 $T_{em} = C_T \Phi I_a$ 可知，要使转矩足够大，要求磁通和启动时的转子电流足够大，因此在启动时，应将励磁电路中外接的励磁调节电阻全部切除，使励磁电流达到最大值，保证磁通最大，但是如果启动电流过大，会使电网电压波动，造成换向恶化，甚至产生环火损坏电机；启动转矩过大也容易损坏直流电动机的传动机构，因此一般控制启动电流 $I_s \leqslant (2 \sim 2.5)I_N$，因而 $T_s \geqslant (1.1 \sim 1.2)T_N$，这样整个系统才能顺利启动。

对于他励式直流电动机，为了避免启动电流过大，可采用转子回路串电阻和降低电源电压启动两种方法。

(1) 转子回路串电阻启动

转子回路串电阻启动就是在转子回路中串接附加电阻启动，启动结束后再将附加电阻切

除。为了限制启动电流，启动时在转子回路内串入的启动电阻一般是一个多级切换的可变电阻，如图 3-21(a) 所示。一般在转速上升过程中逐级短接切除。下面以三级电阻启动为例说明启动过程。

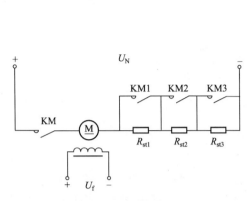
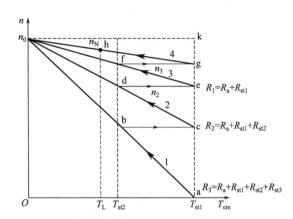

(a) 他励直流电动机串电阻启动图　　　(b) 他励直流电动机串电阻启动时的机械特性

图 3-21　他励直流电动机串电阻启动

启动开始瞬间，串入全部启动电阻，使启动电流不超过允许值：

$$I_{st} = \frac{U_N}{R_a + R_{st1} + R_{st2} + R_{st3}} \tag{3.13}$$

式中，$R_a + R_{st1} + R_{st2} + R_{st3}$ 为转子回路总电阻。

启动过程的机械特性如图 3-21(b) 所示。启动过程是工作点由起始点 a 沿转子总电阻为 R_3 的人为机械特性上升，转子电动势随之增大，而转子电流和电磁转矩随之减小至图中 b 点，启动电流和启动转矩下降至 I_{s2} 和 T_{st2}，因 T_{st2} 与 T_L 之差已经很小，加速已经很慢。为加速启动过程，应切除第一段启动电阻 R_{st1}，此时电流称为切换电流。切换后，转子回路总电阻变为 $R_a + R_{st1} + R_{st2}$。由于机械惯性的影响，电阻切换瞬间直流电动机转速和反电动势不能突变，转子回路总电阻减小，将使启动电流和启动转矩突增，拖动系统的工作点由 b 点过渡到转子总电阻为 R_2 的特性曲线的 c 点，再依次切除启动电阻 R_{st2} 和 R_{st1}，直流电动机工作点最后稳定运行在 h 点，直流电动机启动结束。

这种启动方法广泛应用于中、小型直流电动机。技术标准规定，额定功率小于 2kW 的直流电动机，允许采用一级启动电阻启动，功率大于 2kW 的，应采用多级电阻启动或降低转子电压启动。

（2）降低电源电压启动

降低转子电压启动，即启动前先调好励磁，将施加在直流电动机转子两端的电压降低，最低电压所对应的人为特性上的启动转矩 $T_1 > T_2$ 时，直流电动机就开始启动。直流电动机启动后，再逐渐提高转子电压，使启动电磁转矩维持在一定数值，保证直流电动机按需要的加速度升速，其接线原理图如图 3-22(a) 所示，启动工作特性如图 3-22(b) 所示。

较早的降压启动是采用直流发电机、直流电动机组（G-M）实现电压调节，现已逐步被晶闸管可控整流电源所取代。降低转子电压启动，需要专用电源，投资较大，但启动电流小，启动转矩容易控制，启动平稳，启动能耗小，多用于要求经常启动的场合和中、大型直流电动机的启动。

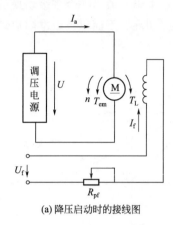

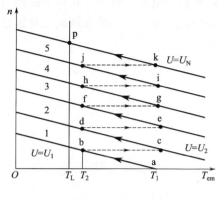

(a) 降压启动时的接线图 (b) 降压启动时的机械特性

图 3-22 他励直流电动机的降压启动

在手动调节转子电压时应注意不能升得太快，否则会产生较大的冲击电流。在实际的拖动系统中，转子电压的升高是由自动控制环节自动调节的，它能保证电压连续升高，并在整个启动过程中保持转子电流为最大允许值，从而使系统在恒定的加速转矩下迅速启动，是一种比较理想的启动方法。

2. 直流电动机的反转

直流电动机反转即改变电磁转矩的方向，由电磁转矩公式（$T_{em} = C_T \Phi I_a$）可知，欲改变电磁转矩，只需改变励磁磁通方向或电枢电流方向即可。所以，改变直流电动机转向的方法有两个：

（1）保持电枢绕组两端极性不变，将励磁绕组反接。

（2）保持励磁绕组两端极性不变，将电枢绕组反接。

3. 直流电动机的调速

许多生产机械的运行速度，随其具体工作情况不同而不一样。例如，龙门刨床刨切时，刀具切入和切出工件用较低的速度，而工作台返回时用高速。这就是说，系统运行的速度要根据生产机械工艺要求而人为调节。调节转速的过程，简称为调速。调速中通常有机械调速和电气调速两种，在电动机转速不变情况下，改变传动机械速比的调速方法称为机械调速。通过改变电动机参数而改变系统运行转速的调速方法称为电气调速。本书中在这里只介绍电气调速的相关方法。

（1）调速及其指标

电动机调速性能的好坏，常用下列各项指标来衡量。

① 调速范围。调速范围是指电动机在额定负载转矩 $T_{em} = T_N$ 时，其最高转速与最低转速之比，用 D 表示，$T_{em} = T_N$ 时

$$D = \frac{n_{max}}{n_{min}} \tag{3.14}$$

如车床要求 20～100，龙门刨床要求 10～140，轧钢机要求 3～120。

② 静差率（又称相对稳定性）。指电动机在某机械特性上运转时，由理想空载至满载时的转速差与理想空载转速的百分比，即：

$$\delta = \frac{n_0 - n_N}{n_0} \times 100\% \tag{3.15}$$

δ 越小，相对稳定性越好；δ 与机械特性硬度和 n_0 有关。D 与 δ 相互制约，δ 越小，D 越小，相对稳定性越好；在保证一定的 δ 指标的前提下，要扩大 D，须减少转速降，即提高机械特性的硬度。

③ 速度的平滑性。在一定的调速范围内，调速的级数越多，调速越平滑。高一级转速 n_i 与低一级转速 n_{i-1} 之比称为调速的平滑性，平滑系数为：

$$\phi = \frac{n_i}{n_{i-1}} \tag{3.16}$$

ϕ 越接近 1，平滑性越好，当 $i \to \infty$，$\phi \to 1$ 时，称为无级调速，即转速可以连续调节。调速不连续时，级数有限，称为有级调速。

④ 调速的经济性。主要指调速设备的投资、运行效率及维修费用等。

⑤ 调速时电动机的容许输出是指电动机得到充分利用的情况下，在调速过程中所能输出的功率和转矩。

（2）调速方法

本节主要介绍他励直流电动机的电气调速方法以及调速的性能。根据直流电动机的转速公式

$$n = \frac{U - I_a(R_a + R_s)}{C_E \Phi} \tag{3.17}$$

可知，当电枢电流 I_a 不变时，只要电枢电压 U、电枢回路串入附加电阻 R_{sp} 和励磁磁通 Φ 三个量中，任一个发生变化，都会引起转速变化。因此，他励直流电动机有 3 种调速方法：改变电枢端电压调速（降压调速）、改变串入电枢回路的电阻调速（串电阻调速）和改变励磁电流调速（弱磁调速）。

① 电枢回路串电阻调速。电枢回路串入调节电阻 R 后，新的机械特性变软，即速度下降。此外，调速前后负载转矩不变（设为恒转矩负载），因此，调速前后的电枢电流值亦保持不变，这也是串电阻调速的特点。

他励直流电机拖动负载运行时，保持电源电压及磁通为额定值不变，在电枢回路中串入不同的电阻时，电动机运行于不同的转速。如图 3-23 所示，负载是恒转矩负载。比如，原来没有串入电阻时，工作点为 A，转速为 n，当电枢回路串入电阻 R_{sp1} 的瞬间，因转速和电动势不能突变，电枢电流相应的减小，工作点由 A 点过渡到 A' 点。此时，$T_{em} < T_L$，系统应减速，工作点 A' 沿串入电阻后的新的机械特性下移，转速也随着下降，直至稳定工作在 B 点。电枢回路串入的电阻若加大为 R_{sp2}，工作点会稳定工作在 C 点上（过渡过程与上述分析类似）。

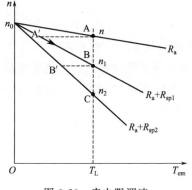

图 3-23 串电阻调速

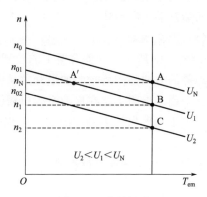

图 3-24 降压调速

从以上的分析可知，转子回路串电阻调速时，串电阻越大，稳定运行转速越低，此方法只能在低于额定转速范围内调速，一般称为由基速（额定转速）向下调速。而且这种多级电阻调速的方法不能实现连续调节，所以这种方法主要用于对调速性能要求不高，且不经常调速的设备上，比如起重机、运输牵引机等。

② 降压调速。

电动机的工作电压不允许超过额定电压，因此电枢电压只能在额定电压以下进行调节。降压调速过程如图 3-24 所示。

设电动机拖动恒转矩负载 T_L 在固有特性上 A 点运行，其转速为 n_N。若电源电压 U_N 下降到 U_1，达到新的稳态后，工作点将移到对应人为特性曲线上的 B 点，其转速下降为 n_1。从图中可以看出，电压越低，稳态转速也越低。改变电源电压调速方法的调速范围也只能在额定转速与零转速之间。

降压调速的优点是：当电枢电源电压连续调节时，转速变化也是连续的，故这种调节为无级调速；调速前后机械特性的斜率不变，机械特性硬度较高，负载变化时，速度稳定性好；无论轻载还是重载，调速范围相同，一般可达 $D = 2.5 \sim 12$；降压调速是通过减小输入功率来降低转速的，故调速时损耗减小，调速经济性好。

降压调速的缺点是：需要一套电压可连续调节的直流电源，如晶闸管-电动机（简称 SCR-M 系统）。降压调速多在对调速性能要求较高的生产机械上，如机床、造纸机等。

③ 弱磁调速。

保持他励直流电动机转子电压不变，转子回路电阻不变，减少直流电动机的励磁磁通，可使直流电动机的转速升高，这种方法称为减弱主磁通调速。额定运行的电动机，其磁路已基本饱和，即使励磁电流增加很多，磁通也增加很少，从电动机的性能考虑也不允许磁路过饱和。因此，改变磁通只能从额定值从下调。

减小主磁通调速的优点是设备简单，调节方便，运行效率高，适用于恒功率负载；缺点是励磁过弱时，机械特性斜率大，转速稳定性差，拖动恒转矩负载时，可能会使转子电流过大。

4. 直流电动机的制动

在电动机拖动机组中，无论是电动机停转，还是由高速进入低速运行，都需要对电动机进行制动，即强行减速。制动的物理本质就是在电动机转轴上施加一个与旋转方向相反的力矩。这个力矩若以机械方式产生，如摩擦片、制动闸等，则称之为机械制动；若以电磁方式产生，就叫做电磁制动。本课程中所讲的制动主要是指电磁制动，分为能耗制动、反接制动、回馈制动 3 种形式。

（1）能耗制动

如图 3-25 所示，开关合向 1 的位置时，电动机为电动状态。电枢电流、电磁转矩转速及电动势的方向如图所示。如果开关从电源断开，迅速合向 2 的位置，电动机被切断电源并接到一个制动电阻上。在拖动系统机械惯性的作用下，电动机继续旋转，转速的方向来不及改变。由于励磁保持不变，因此，电枢仍具有感应电动势，其大小和方向与处于电动状态相同。

由于 $U = 0$，因此电枢电流

$$I_a = \frac{U - E_a}{R} = -\frac{E_a}{R} \tag{3.18}$$

式中的负号说明，电流与原来电动机状态时的方向相反，如图 3-25 所示，这个电流叫制动电流。制动电流产生的制动转矩也和原来的方向相反，使电动机很快减速以至停转。这种制动是把存储在系统中的动能变换成电能，消耗在制动电阻中，故称能耗制动。

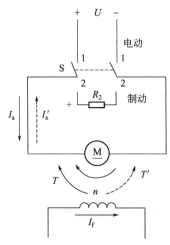

图 3-25　能耗制动示意图

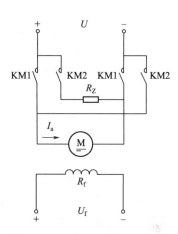

图 3-26　电枢反接制动示意图

（2）反接制动

反接制动分为电枢反接制动和倒拉反接制动。

① 电枢反接制动。电枢反接制动的接线图如图 3-26 所示。当电动机正转运行时，KM1 闭合（KM2 断开）。当采用电枢反接制动，KM2 闭合（KM1 断开）时，加到电枢绕组两端的电压极性与电动机正转时相反。因旋转方向未变，磁场方向未变，所以，感应电势方向不变。

电枢电流为

$$I_a = \frac{-U_N - E_a}{R} = -\frac{U_N + E_a}{R} \tag{3.19}$$

电流为负值时，表明其方向与正转时相反。由于电流方向改变，磁通方向未变，因此，电磁转矩方向改变了。电磁转矩与转速方向相反，产生制动作用，使转速迅速下降。这种因电枢两端电压极性的改变而产生的制动，称为电枢反接制动。

② 倒拉反接制动。以电动机提升重物为例，电枢电流 I_a、电磁转矩 T_{em} 和转速 n 的方向如图 3-27 中的箭头所示。

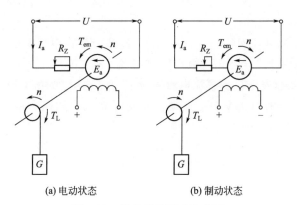

图 3-27　倒拉反接制动示意图

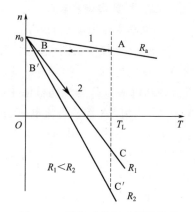

图 3-28　倒拉反接制动机械特性

它的接线使电动机逆时针旋转，此时，电动机稳定运行于固有机械特性曲线的 A 点。若在电枢回路串入大电阻，使电枢电流大大减小，电动机将过渡到对应的串电阻的人为机械特性的 B 点，此时，电磁转矩小于负载转矩，电动机的转速沿人为机械特性曲线下降。随着转速的下降，反电势能的减小，电枢电流和电磁转矩又有所上升。当转速降至零时，电动机的电磁转矩仍小于负载转矩时，电动机便在负载位能转矩作用下，开始反转，电动机变为下放重物，最终稳定运行在 C 点，如图 3-28 所示。反转后感应电动势方向也随之改变，变为与电源电压方向相同。由于电枢电流方向未变，磁通方向也未变，所以，电磁转矩方向也未变，但因旋转方向改变，所以，电磁转矩变成制动转矩，这种制动称为倒拉反接制动。

（3）回馈制动

电动机在电动运行状态下，由于某种条件的变化（如带位能性负载下降、降压调速等），使电枢转速超过理想空载转速 n_0，则进入回馈制动。回馈制动时，转速方向并未改变，而 $n > n_0$，使 $E_a > U$，电枢电流 $I_a < 0$（反向），电磁转矩 $T_{em} < 0$（反向），为制动转矩。制动时 n 未改变方向，而 I_a 已反向为负，电源输入功率为负；而电磁功率亦小于零，表明电机处于发电状态，将电枢转动的机械能变为电能并回馈到电网。

三、任务实施

（一）任务实施内容

直流电动机的启动、反转、调速与制动试验。

（二）任务实施要求

（1）掌握直流电动机的启动、反转、调速与制动方法。

（2）撰写安装与测试报告。

（三）任务所需设备

（1）他励直流电动机	1 台
（2）导轨、测速发电机及转速表	1 套
（3）校正直流测功机	1 台
（4）直流电压表	2 块
（5）直流电流表	3 块
（6）可调电阻器	3 只

（四）任务实施步骤

1. 他励直流电动机的启动

按图 3-29 接线。图中他励直流电动机 M 用 DJ15，其功率 $P_N = 185W$，额定电压 $U_N = 220V$，额定电流 $I_N = 1.2A$，额定转速 $n_N = 1600r/min$，额定励磁电流 $I_{fN} < 0.16A$。校正直流测功机 MG 作为测功机使用，TG 为测速发电机。直流电流表 A_1、A_2 选用 200mA 挡，A_3、A_4 选用 5A 挡。直流电压表 V_1、V_2 选用 1000V 挡。他励直流电动机励磁回路串接的电阻 $R_{f1} = 1800\Omega$（用 900Ω＋900Ω）。MG 励磁回路串接的电阻 $R_{f2} = 1800\Omega$（用 900Ω＋900Ω）。他励直流电动机的启动电阻 $R_1 = 180\Omega$（用 90Ω＋90Ω），MG 的负载电阻 $R_2 = 2250\Omega$（用 900Ω＋900Ω＋900Ω 并联上 900Ω）。接好线后，检查 M、MG 及 TG 间是否用联轴器直接连接好。

他励直流电动机启动步骤：

（1）检查按图 3-29 的接线是否正确，电表的极性、量程选择是否正确，电动机励磁回路接线是否牢靠。然后将电动机电枢串联启动电阻 R_1、测功机 MG 的负载电阻 R_2 及 MG 的磁场回路电阻 R_{f2} 调到阻值最大位置，M 的磁场调节电阻 R_{f1} 调到最小位置，断开开关 S，并断开控制屏下方右边的励磁电源开关、电枢电源开关，做好启动准备。

（2）开启控制屏上的电源总开关，按下其上方的"开"按钮，接通其下方左边的励磁电源开关，观察 M 及 MG 的励磁电流值，调节 R_{f2} 使 I_{f2} 等于校正值（100mA）并保持不变，再接通控制屏右下方电枢电源开关，使 M 启动。

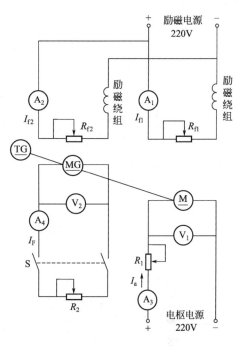

图 3-29 他励直流电动机的启动接线图

（3）M 启动后观察转速表指针偏转方向，应为正向偏转，若不正确，可拨动转速表上的正、反向开关来纠正。调节控制屏上电枢电源"电压调节"旋钮，使电动机端电压为 220V。减小启动电阻 R_1 阻值，直至短接。

（4）合上校正直流测功机 MG 的负载开关 S，调节 R_2 阻值，使 MG 的负载电流 I_F 改变，即直流电动机 M 的输出转矩 T_2 改变。

（5）调节他励电动机的转速。分别改变串入电动机 M 电枢回路的启动电阻 R_1 和励磁回路的调节电阻 R_{f1}，观察转速变化情况。

2. 直流电动机的反转

将电枢串联启动变阻器 R_1 的阻值调回到最大值，先切断控制屏上的电枢电源开关，然后切断控制屏上的励磁电源开关，使他励电动机停机。在断电情况下，将电枢（或励磁绕组）的两端接线对调后，再按他励电动机的启动步骤启动电动机，并观察电动机的转向及转速表指针偏转的方向。

3. 调速特性

（1）电枢回路串电阻（改变电枢电压 U_a）调速。保持 $U = U_N$、$I_f = I_{fN} =$ 常数，$T_L =$ 常数，测取 $n = f(U_a)$。

按图 3-29 接线。直流电动机 M 运行后，将电阻 R_1 调至零，I_{f2} 调至校正值，再调节负载电阻 R_2、电枢电压及磁场电阻 R_{f1}，使 M 的 $U = U_N$，$I_a = 0.5I_N$，$I_f = I_{fN}$，记下此时 MG 的 I_F 值。保持此时的 I_F 值（即 T_2 值）和 $I_f = I_{fN}$ 不变，逐次增加 R_1 的阻值，降低电枢两端的电压 U_a，使 R_1 从零调至最大值，每次测取电动机的端电压 U_a，转速 n 和电枢电流 I_a，记录到任务单中。

（2）改变励磁电流调速。保持 $U = U_N$，$T_L =$ 常数，测取 $n = f(I_f)$。按图 3-29 接线。直流电动机运行后，将 M 的电枢串联电阻 R_1 和磁场调节电阻 R_{f1} 调到零，将 MG 的磁场调节电阻 R_{f2} 调整至使 I_{f2} 等于校正值，再调节 M 的电枢电源调压旋钮和 MG 的负载，使电动机 M 的 $U = U_N$、$I = 0.5I_N$，记下此时的 I_F 值。

保持此时 MG 的 I_F 值（T_L 值）和 M 的 $U = U_N$ 不变，逐次增加磁场电阻 R_{f1} 阻值，直

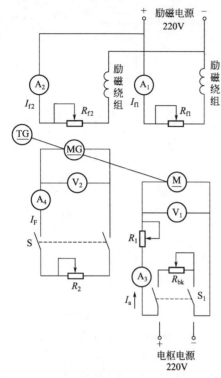

图 3-30 他励直流电动机的
能耗制动接线图

至 $n=1.3n_N$，每次测取电动机的 n、I_f 和 I_a，记录于任务单中。

4. 观察能耗制动过程

（1）按图 3-30 接线。能耗制动电阻 R_{bk} 选用 2250Ω（用 900Ω＋900Ω＋900Ω 并联 900Ω）。把 M 的 R_{fl} 调至零，使电动机的励磁电流最大。把 M 的电枢串联启动电阻 R_1 调至最大，把 S_1 合至电枢电源，合上控制屏下方励磁电源、电枢电源开关使电动机启动。

（2）运转正常后，将开关 S_1 合向中间位置，使电枢开路。由于电枢开路，电机处于自由停机，记录停机时间。

（3）将 R_1 调回最大位置，重新启动电动机，待运转正常后，把 S_1 合向 R_{bk} 端，记录停机时间。

（4）选择 R_{bk} 不同的阻值，观察对停机时间的影响。

5. 注意事项

（1）直流他励电动机启动时，须将励磁回路串联的电阻 R_{fl} 调至最小，先接通励磁电源，使励磁电流最大，同时必须将电枢串联启动电阻 R_1 调至最大，然后方可接通电枢电源，使电动机正常启动。启动后，将启动电阻 R_1 调至零，使电动机正常工作。

（2）他励直流电动机停机时，必须先切断电枢电源，然后断开励磁电源（与启动的顺序相反）。同时必须将电枢串联的启动电阻 R_1 调回到最大值，励磁回路串联的电阻 R_{fl} 调回到最小值，为下次启动做好准备。

（3）测量前注意仪表的量程、极性及其接法是否符合要求。

（4）若要测量电动机的转矩 T_L，必须将校正直流测功机 MG 的励磁电流调整到校正值：100mA。

他励直流电动机的启动、反转、调速和制动试验任务单

班级：＿＿＿＿ 组别：＿＿＿＿ 学号：＿＿＿＿ 姓名：＿＿＿＿ 操作日期：＿＿＿＿

测试前准备		
序号	准备内容	准备情况自查
1	知识准备	他励直流电动机的工作特性是否清楚　　是□　否□ 注意事项是否了解　　是□　否□ 本次测试接线图是否明白　　是□　否□
2	材料准备	所需仪表是否完好　　是□　否□ 测试过程中需要调节的电阻是否会调 励磁回路串联的电阻 R_{fl}□　　电动机电枢串联的启动电阻 R_1□ 测功机 MG 的负载电阻 R_2□　　MG 磁场回路电阻 R_{f2}□ 测量时各仪表的量程是否会选择　　是□　否□

续表

测试过程记录		
步骤	内容	数据记录
1	电机启动前检查	接线检查□　　　　　　　　M、MG 及 TG 之间用联轴器直接连接好 □ 电动机励磁回路接线牢靠 □　　　　R_1、R_2、R_{f2} 调到最大 □ R_{f1} 调到最小 □　开关 S 断开□　励磁电源、电枢电源开关关闭 □
2	接通励磁电源	电动机 M 的励磁电流值_____A　　　　　　MG 的励磁电流值_____A 调节 R_{f2} 使 I_{f2} 达到校正值 100mA □
3	接通电枢电源	转速表指针正偏□　　　　　　　　调节电枢电压至 220V □ 逐渐减小 R_1 的值直至短接 □ 合上负载开关 S,调节 R_2,MG 的负载电流 I_F 是否改变　是□　否□
4	电枢串电阻调速	他励直流电动机电枢串电阻调速 $I_f = I_{fN} = $_____mA, $I_F = $_____A($T_2 = $_____N·m), $I_{f2} = $ 100mA _表格_
5	改变励磁电流调速	他励直流电动机改变励磁电流调速 $I_f = I_{fN} = $_____mA, $I_F = $_____A($T_L = $_____N·m), $I_{f2} = $ 100 mA _表格_
6	电动机的反转	将 R_1 调到最大值,切断电枢电源开关,再切断励磁电源开关,使电动机停机,将电枢两端(或励磁绕组两端)接线对调,按照启动步骤启动 电动机反向 □　　　　　　　转速表指针偏转方向_____
7	能耗制动	接线检查 □　　　　　　　自由停机时间_____s 接入 R_{bk} 后停机时间_____s　选择不同的 R_{bk} 值,观察停机时间 _表格_
8	收尾	所有电源开关关闭□　　　　　　接线全部拆除并整理好□ R_1 调回到最大值□　　　　　　R_{f1} 调回到最小值 □ 凳子放回原处□　　台面清理干净□　　　　垃圾清理干净□
验收		
优秀□　　良好□　　中□　　及格□　　不及格□ 　　　　　　　　　　　　　　　　教师签字:　　　　　日期:		

步骤4 表格:

U_a							
n							
I_a							

步骤5 表格:

U_a							
n							
I_a							

步骤7 表格:

R_{bk}					
停机时间					

6. 任务实施标准

序号	内容	配分	评分细则	得分
1	元器件安装及线路连接	30分	元器件安装错误,每处扣 5 分	
			线路连接错误,每处扣 5 分	
			线路连接乱,不利于测量,扣 10 分	

续表

序号	内容	配分	评分细则	得分
2	通电测试	30分	不能进行通电测试,扣20分	
			通电测试不准确,每次扣5分	
			读数错误,每处扣5分	
3	仪器仪表的使用	20分	仪器仪表操作不规范,每处扣10分	
			仪表量程选择错误,每次扣10分	
			读数错误,每处扣5分	
4	安全操作	10分	不遵守实训室规章制度,扣10分	
			操作过程中人为损坏元器件,每个扣5分	
			未经允许擅自通电,扣10分	
5	现场整理	10分	现场整理干净,仪表及桌椅摆放整齐10分	
			经提示后能将现场整理干净6分	
			不合格0分	

四、总结与提升

（1）直流电动机是将直流电能转换为机械能的电气设备。直流电动机的主要优点是：宽广的调速范围、平滑的调速特性、较高的过载能力、较大的启动和制动转矩等。它广泛应用于对启动和调速要求较高的生产机械。其缺点是：消耗有色金属多，成本高，工作可靠性较差，制造、维护与检修都比较困难。直流电动机也是主要由定子和转子组成，定子的作用是用来产生磁场和做电机的机械支撑，它由主磁极、换向极、机座、端盖、电刷装置等组成；转子由电枢铁芯、电枢绕组、换向器、转轴和支架等组成。机电能量转换的感应电动势和电磁转矩都在电枢绕组中产生。转子是电机的重要部件，因此转子又称为电枢。

（2）直流电动机的励磁方式有他励、并励、串励和复励。他励或并励电动机具有硬的机械特性；串励电动机具有软的机械特性。

（3）直流电动机运转时，电枢中的电流为 $I_a = \dfrac{U - E_a}{R_a}$；直流电动机的电磁转矩为 $T_{em} = C_T \Phi I_a$；反电动势与每极磁通和转速的关系为 $E_a = C_E \Phi n$。

（4）直流电动机的启动方法是降低加在电枢绕组上的电压，或在电枢电路中串联启动变阻器，以限制启动电流。选择启动变阻器的阻值时，应使 $I_s \leqslant (2 \sim 2.5) I_N$ 范围内。

（5）直流电动机的调速方法有：改变电枢回路的电阻调速、改变主磁通调速、改变电源电压调速。

（6）欲使直流电动机反转可以采取改变电枢电流方向或主磁场方向的方法。对他励或并励直流电动机来说，大多采用改变电枢电流方向来实现反转。

（7）直流电动机的电气制动方法有：能耗制动、反接制动和回馈制动。它们各有不同的特点，应注意各自适应的场合。

习题与思考

1. 换向器在直流电动机中起的作用是什么？

2. 直流电动机的主要部件有哪些？它们是用什么材料制成的？这些部件的功能分别是什么？

3. 改变他励直流电动机的转向需要采取什么措施？

4. 一般的他励直流电动机为什么不能直接启动？应该采用什么方法启动比较好？

5. 对直流电机来说，下面哪些量的方向是不变的？哪些量的方向是交变的？（1）励磁电流；（2）电枢电流；（3）电枢导条中的电流；（4）主磁极中流过的磁通；（5）电枢铁芯中流过的磁通。

6. 一台直流电动机的额定数据为：额定功率 $P_N=17kW$，额定电压 $U_N=220V$，额定转速 $n_N=2850r/min$，额定效率 $\eta_N=0.83$，求它的额定电流及额定负载时的输入功率。

7. 直流电动机的固有机械特性和人为机械特性的定义是什么？请绘制出他励直流电动机的各种机械特性。

8. 一台他励直流电动机铭牌数据为 $P_N=2.2kW$，$U_N=220V$，$n_N=1500r/min$，$I_N=12.6A$，$R_a=0.2402\Omega$，求：

① 当 $I_a=12.6A$ 时，电动机的转速 n。

② 当 $n_N=1500r/min$ 时，电枢电流 I_a。

项目四

特种电机的认识

特种电机主要是指因使用环境和制作工艺的特殊性而区别通用电机的一类电机。随着工业化发展以及自动化技术的提高，特种电机的使用范围越来广，种类越来越多，大体上分为两大类：驱动微电机和控制电机。

驱动微电机用来拖动各种小型负载，功率一般都在 750W 以下，最小的不到 1W，因此外形尺寸较小，相应的功率也小，包括微型同步电动机、直线电动机、无刷直流电动机、开关磁阻电动机等多种类型。

控制电机是指在自动控制系统中对信号进行传递和变换，用做执行元件或信号元件的电机，要求有较高的控制性能，如：反应快、精度高、运行可靠等等。包括伺服电动机、步进电动机、旋转变压器、自整角机和测速发电机等多种类型。

本项目主要是介绍几种常用的特种电机，包括伺服电动机、测速发电机、步进电动机、直线电动机、微型同步电动机、开关磁阻电动机 6 个任务。

任务 1 伺服电动机的认识

一、任务描述与目标

伺服电动机（又称执行电动机），如图 4-1 所示，它将输入的电压信号转变为转轴的角位移或角速度输出，它的特点是：有输入信号时转子立即旋转，无输入信号时转子立即停转。改变输入信号的大小和极性可以改变伺服电动机的转速与转向，故输入的电压信号又称为控制信号或控制电压。根据使用电源的不同，伺服电动机分为直流伺服电动机和交流伺服电动机两大类。本任务主要是学习几种常用伺服电动机的结构、作用、工作原理、工作特性、控制方式和应用。

图 4-1 伺服电动机外观图

本次任务的目标是：

（1）熟悉直流伺服电动机的结构、工作原理和工作特性；

（2）熟悉交流伺服电动机的结构、工作原理和工作特性；

（3）掌握伺服电动机的控制方式和应用。

二、相关知识

伺服电动机是一种具有服从控制信号要求进行工作的执行器，无信号时静止，有信号立即运行，因而得名"伺服"，用 SM 来表示。

（一）直流伺服电动机

直流伺服电动机是指使用直流电源工作的伺服电动机，实质上就是一台他励式直流电动机，其结构和一般直流电动机一样，只是为了减小转动惯量而做得细长一些，按结构可分为传统型、盘型电枢型、空心杯电枢型、无槽电枢型等几种。直流伺服电动机的励磁绕组和电枢分别由两个独立电源供电。输入的控制信号可以加到励磁绕组上，也可以加到电枢绕组上，通常情况下都是选用前者，这种控制方式称为电枢控制，其接线图如图 4-2 所示。

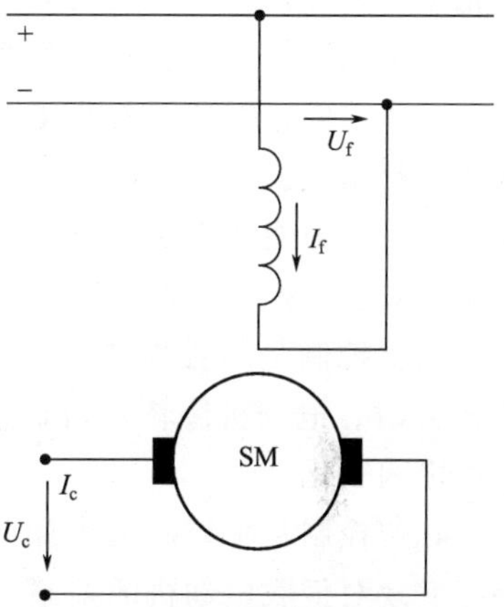

各种直流伺服电动机的工作原理与普通直流电动机原理相似，其转速公式为：

$$n = \frac{U}{C_E \Phi} - \frac{R_a I_a}{C_E \Phi} \qquad (4.1)$$

式中，U 为电枢电压，V；I_a 为电枢电流，A；R_a 为电枢电阻，Ω；C_E 为电动机结构常数；Φ 为磁通，Wb。

图 4-2 直流伺服电动机的电枢控制接线图

由式（4.1）可知，通过改变电枢电压来控制电动机称为电枢控制，通过改变磁通来控制电动机称为磁极控制，后者很少被采用。

他励直流电动机的机械特性方程是 $n = \frac{U}{C_E \Phi} - \frac{R_a}{C_E C_T \Phi^2} T_{em}$，采用电枢控制时，电枢绕组为控制绕组，直流伺服电动机的机械特性方程写为

$$n = \frac{U}{K_E} - \frac{R_a}{K_E K_T} T_{em} \qquad (4.2)$$

式中，K_E 为电动势常数；K_T 为转矩常数。

图 4-3 是直流伺服电动机在不同控制电压下（U_c 为额定控制电压）的机械特性曲线。由图 4-3 可见：在一定负载转矩下，当磁通不变时，如果升高电枢电压，电动机的转速就升高；反之，降低电枢电压，转速就下降；当 $U_c = 0$ 时，电动机立即停转。要电动机反转，可改变电枢电压的极性。

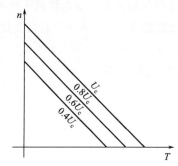

图 4-3 直流伺服电动机在不同控制电压下的机械特性曲线

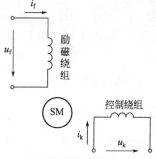

图 4-4 交流伺服电动机的工作原理图

（二）交流伺服电动机

交流伺服电动机的结构与电容分相式单相异步电动机相似，其定子上也有两套空间位置相差90°电角度的绕组（主绕组和副绕组），主绕组为励磁绕组，运行时接到电源 U_f 上；副绕组作为控制绕组，输入控制电压 U_K，用来控制电机转速，如图4-4所示。

交流伺服电动机的工作原理如图4-4所示。当励磁绕组接入额定励磁电压 U_{fN}，而控制绕组接入伺服放大器输出的额定控制电压 U_{KN}，并且 U_{fN} 和 U_{KN} 相位差90°时，两相绕组的电流在气隙中建立的合成磁通势是圆形旋转磁通势，其旋转磁场在杯型转子的杯型内壁上或在笼型转子导条中感应出电动势及其电流，转子电流与旋转磁场相互作用产生电磁转矩。

对于交流伺服电动机，若两相绕组产生的磁通势幅值相等、相位差90°，在气隙中便能产生圆形的旋转磁场，若两相绕组产生的磁通势幅值不相等或相位差不是90°，在气隙中得到的是椭圆形旋转磁场，所以，改变控制绕组上的控制电压的大小或改变它与励磁电压之间的相位角，都能使旋转磁场的形状发生变化，从而影响电磁转矩的大小。交流伺服电动机的控制方法有三种：幅值控制、相位控制和幅相控制。

幅值控制是指控制电压 U_K 和励磁电压 U_f 保持相位差90°，只改变 U_K 的幅值。当 $U_K = 0$ 时，电动机停转，当 U_K 在0和额定值之间变化时，电动机的转速也相应地在0和额定值之间变化。

相位控制是指控制电压和励磁电压均为额定值，通过改变控制电压和励磁电压的相位差，实现对伺服电动机的控制。

幅相控制（电容控制）是对幅值和相位差都进行控制，通过改变控制电压的幅值及控制电压与励磁电压的相位差控制伺服电动机的转速。

伺服电动机有宽广的调速范围，机械特性和调节特性线性度好，能提高自动控制系统的动态精度，在控制信号为0时能立即自行停转，无自转现象，能快速响应，主要用在自动控制系统和计算装置中，完成对机电信号的检测、解算、放大、传递、执行或转换。

任务2　测速发电机的认识

一、任务描述与目标

测速发电机（图4-5）在自动控制系统中作为检测元件，可以将电动机轴上的机械转速转换为电压信号输出。输出电压信号与机械转速成正比关系，输出电压的极性反映电动机的旋转方向。测速发电机有交、直流两种形式。自动控制系统要求测速发电机的输出电压必须精确、迅速地与转速成正比，在很多情况下，测速发电机代替测速计直接测量转速。

本次任务的目标是：

（1）掌握测速发电机的工作原理。

图4-5　测速发电机外观图　　（2）了解测速发电机的应用。

二、相关知识

1. 交流测速发电机

交流测速发电机分为同步测速发电机和异步测速发电机两种，本任务主要介绍交流异步测速发电机。与交流伺服电动机的结构相似，交流异步测速发电机也有定子和转子。定子铁芯上嵌放着空间位置相差 $90°$ 电角度的两个绕组，其中一个为励磁绕组，外接恒定的交流电压；另一个为输出绕组，转子旋转时，输出绕组两端可产生与转速成正比的输出电压。转子多采用空心杯型转子，由高电阻率的非磁性材料制成，如硅锰青铜，杯型转子可看成是由无数根并联导条组成的笼型转子。

在励磁绕组两端加恒定的单相交流电压 U_1，绕组中的交变电流会产生一个脉振磁通 Φ_1，方向与励磁绕组的轴线方向重合，如图 4-6 所示。

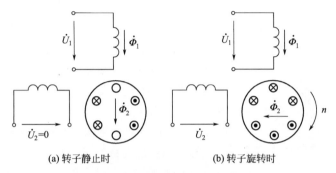

(a) 转子静止时   (b) 转子旋转时

图 4-6 交流测速发电机原理图

转子静止时，励磁绕组与转子绕组分别相当于变压器的原边和副边，脉振磁通 Φ_1 与转子绕组交链，并在其中产生感应电动势，该电动势产生转子电流，该电流又产生方向与 Φ_1 重合的转子磁通 Φ_2，如图 4-6(a) 所示。与单相变压器相似，Φ_1 和 Φ_2 形成合成磁通，方向与励磁绕组轴线方向重合。由于励磁绕组与输出绕组的空间位置相差 $90°$，故合成磁通的方向与输出绕组的轴线方向垂直，合成磁通不与输出绕组交链，输出绕组中不产生感应电动势，输出电压为零，即 $U_2=0$。

转子旋转时，转子导条切割磁通 Φ_1，并产生切割电动势 E_2 和转子电流 I_2，E_2 和 I_2 与转速 n 成正比，方向由右手定则判定，如图 4-6(b) 所示。转子电流 I_2 会产生转子磁通 Φ_2，其方向与 Φ_1 方向垂直，与输出绕组轴线方向重合，并且 Φ_2 与 I_2 成正比。于是，磁通 Φ_2 与输出绕组交链，并在绕组中产生感应电动势和输出电压 U_2，U_2 与 Φ_2 成正比。由此可得

$$U_2 \propto \Phi_2 \propto I_2 \propto E_2 \propto n \tag{4.3}$$

上式表明，转子旋转时，输出电压 U_2 与转子转速 n 成正比，转速信号转换为电压信号。若转子反转，则 E_2、I_2、Φ_2 也随之反向，输出电压 U_2 的相位也相应改变 $180°$。因此，输出电压信号完全反映了转速信号的大小和转向。

2. 直流测速发电机

直流测速发电机是一种微型他励直流发电机。直流发电机的结构与直流电动机相同，包括定子和电枢两大部分。电枢在外力拖动下旋转时，电枢绕组中的导体切割定子产生的主极磁场，电枢绕组中产生方向交变的感应电动势，通过换向器与电刷的滑动接触，电枢绕组中方向交变的电动势转变为电刷之间方向不变的直流电动势。

直流测速发电机工作时，主极磁场保持恒定，被测机械拖动电枢以转速 n 旋转，电枢绕组中产生与 n 成正比的感应电动势，通过电刷向外输出与转速成正比的电压 U，转速信号转变为电压信号。

测速发电机的作用是将机械速度转换为电气信号，常用作测速元件、校正元件、解算元件，与伺服电机配合，广泛使用于许多速度控制或位置控制系统中。如在稳速控制系统中，测速发电机将速度转换为电压信号作为速度反馈信号，可达到较高的稳定性和较高的精度，在计算解答装置中，常作为微分、积分元件。

任务 3　步进电动机的认识

一、任务描述与目标

随着电子技术和计算机的迅速发展，步进电动机（图 4-7）的应用日益广泛，例如，数控机床、绘图机、自动记录仪表和数/模变换装置中，都使用了步进电动机，尤其在数字控制系统中，步进电动机的应用日益广泛。步进电动机的种类较多，本任务对三相反应式步进电动机的结构、工作原理和应用作一简介。

图 4-7　步进电动机外形图

　　本次任务的目标是：

（1）熟悉三相反应式步进电动机的类型、结构和应用。

（2）理解三相反应式步进电动机的工作原理。

二、相关知识

步进电动机是一种用电脉冲信号进行控制，并将电脉冲信号转换成相应的角位移或位移的执行器。给一个脉冲信号，步进电动机就转动一个角度。因此步进电动机也称为脉冲电动机或脉冲马达。

步进电动机的种类较多，其中反应式步进电动机是我国目前使用最广泛的一种，有惯性小、反应快和速度高的特点。步进电动机的角位移量与电脉冲数成正比，其转速与电脉冲频率成正比，通过改变频率可以调节电动机的转速。如果停机后某些绕组仍保持通电状态，则还具有自锁能力。步进电动机的最大缺点是在重负载和高速的情况下，容易发生失步。

三相反应式步进电动机在结构上分为定子和转子两部分，如图 4-8 所示，其定子、转子用硅钢片或其他软磁材料制成，定子有六个均匀分布的磁极，每两个相对的磁极上绕有一相控制绕组。转子是一个带齿的铁芯，没有绕组。图 4-8 中的转子可看作是一个两齿的铁芯，实际的转子铁芯外圆周有很多小齿。

当只有 A 相控制绕组通电时，A 相磁极产生电磁吸力，使转子转到两齿与 A 相绕组轴线对齐的位置。如果通电状态不变，转子的位置也不会变，即转子在此位置上有自锁能力。当 A 相绕组断电，B 相绕组通电时，B 相磁极产生电磁吸力，会将距离它们最近的转子齿吸引过去。于是，转子沿顺时针方向转过 60°，转到两齿与 B 相绕组轴线对齐的位置。当 B 相绕组断电，C 相绕组通电时，转子又将顺时针方向转过 60°。

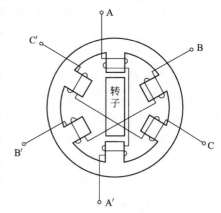

图 4-8　三相反应式步进电动机原理图

每变换一次通电状态，转子转过的角度称为步距角。每转到一个位置，若通电状态不变，转子都能自锁。显然，若通电顺序由 A—B—C 变成 A—C—B，则转子将逆时针方向步进转动。

控制绕组的通电状态每切换一次称为一拍，上述三相依次通电的方式称为三相单三拍运行。若 A、B 两相绕组同时通电，则转子将转到 A、B 两相中间的位置上，此位置上 A、B 两相磁极对转子齿的吸引力相平衡。这种按 AB—BC—CA 顺序通电的方式称为三相双三拍运行。"单"和"双"的区别在于每一拍是一相绕组通电还是两相绕组通电，单三拍和双三拍方式的步距角都是 60°。若将两种运行方式组合起来，即按 A—AB—B—BC—C—1A 的顺序依次通电，则步距角就变成 30°，这种方式称为三相六拍运行。

三相双三拍运行和三相六拍运行在通电切换过程中始终保持有一相持续通电，力图使转子保持原位，因而起到一定的阻尼作用，转子运行较平稳。单三拍运行则没有这种作用，转换瞬间，转子失去自锁能力，平稳性较差。

以上所述是简单的三相反应式步进电动机的工作原理，由于其步距角很大（30°或 60°），满足不了系统精度的要求。实际的步进电动机转子齿数很多，且定子磁极上也带有小齿，可以将步距角变得很小，详细说明可参阅相关控制电机的资料。

任务 4　直线电动机的认识

一、任务描述与目标

直线电动机与普通旋转电动机都是实现能量转换的机械，普通旋转电动机将电能转换为旋转运动的机械能，直线电动机将电能转换成直线运动的机械能。直线电动机应用于要求直线运动的某些场合时，可以简化中间传动机构，使运动系统的响应速度、稳定性、精度得以提高。直线电动机在工业、交通运输等行业中的应用日益广泛。直线电动机外观图如图 4-9 所示。

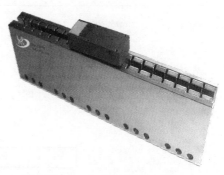

图 4-9　直线电动机外观图

直线电动机可以由直流、同步、异步、步进等旋转电动机演变而成，由异步电动机演变而成的直线异步电动机使用最多。本任务对直线异步电动机的结构、工作原理和应用作简要说明。

本次任务的目标是：

（1）熟悉直线异步电动机的类型和应用；

（2）理解直线异步电动机的工作原理。

二、相关知识

直线异步电动机主要有平板形、圆筒形和圆盘形三种形式，这里主要介绍平板形直线电动机，其他两种不再赘述。

平板形直线电动机可以看成是从旋转电动机演变而来的。可以设想，有一极数很多的三相异步电动机，其定子半径相当大，定子内表面的某一段可以认为是直线，则这一段便是直线电动机。也可以认为把旋转电动机的定子和转子沿径向剖开，并展成平面，就得到了最简单的平板形直线电动机，如图 4-10 所示。

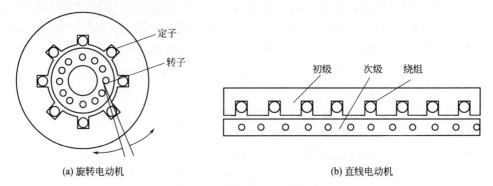

(a) 旋转电动机　　　　　　　　　　(b) 直线电动机

图 4-10　直线电动机的结构

旋转电动机的定子和转子，在直线电动机中称为初级和次级。直线电动机的运行方式可以是固定初级，让次级运动，此时称为动次级；相反，也可以固定次级而让初级运动，则称为动初级。为了在运动过程中始终保持初级和次级耦合，初级和次级的长度不应相同，可以使初级长于次级，称为短次级；也可以使次级长于初级，称为短初级，如图 4-11 所示。由于短初级结构比较简单，制造和运行成本较低，故一般常采用短初级，如电动门就是这种形式。

(a) 短初级　　　　　　　　　　　　　　(b) 短次级

图 4-11　平板形直线电动机

在直线电动机的三相绕组中，通入三相对称正弦电流后，也会产生气隙磁场。这个气隙磁场的分布情况与旋转电动机相似，即可看成沿展开的直线方向呈正弦分布，如图 4-12 所示。

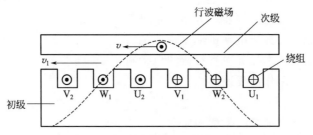

图 4-12　直线电动机的基本工作原理

当三相电流随时间作瞬时变化时，气隙磁场将按 U_1、V_1、W_1 相序沿直线移动。这个原理与旋转电动机相似，两者的差异是：直线电动机的磁场是平移的，而不是旋转的，因此这种磁场称为行波磁场。行波磁场的移动速度与三相电动机旋转磁场在定子内圆表面上的线速度是一样的，即为 v_1（m/s），称为同步速度：

$$v_1 = 2p\tau \frac{n_1}{60} = 2\tau \frac{pn_1}{60} = 2\tau f_1 \tag{4.4}$$

式中，τ 为极距，cm；f_1 为电源频率，Hz。

行波磁场切割次级中的导体，产生电动势及电流。显然，载流导体与气隙中滑动磁场相互作用，会产生电磁推力，在这个电磁推力的作用下，这段转子就顺着行波磁场运动的方向作直线运动。

$$v = 2\tau f_1(1-s) \tag{4.5}$$

式中，s 为转差率。

由此可知，改变极矩 τ 和电源频率 f_1，均可改变次级的移动速度。

和旋转电机一样，直线电动机对换任意两相的相序后，运动方向也会相反。根据这一原理，可使直线电动机做往复直线运动。

直线电动机能将电磁能量直接转换成直线运动的机械能，因其结构简单，不需经过齿轮即可把旋转运动转换为直线运动，其使用方便，容易维修与更换，运行可靠，控制简单，制造费用低及运动方式独特，应用越来越广泛。目前，直线电动机广泛应用于高速磁悬浮列车，导弹、鱼雷的发射，飞机的起飞，以及冲击、碰撞等试验机的驱动，阀门的开闭，门窗的移动，机械手的操作，推车等。

任务5 微型同步电动机的认识

一、任务描述与目标

微型同步电动机，如图 4-13 所示，是一种不用直流励磁的小容量同步电动机，广泛用于自动装置、记录仪器、录音机等。本任务对常用的微型同步电动机的结构、工作原理和应用作一简介。

本次任务的目标是：

(1) 熟悉微型同步电动机的类型、结构和应用；

(2) 理解微型同步电动机的工作原理。

二、相关知识

微型同步电动机是指功率从零点几瓦到数百瓦的各种小型同步电动机，具有转速恒定、结构简单的特点。微型同步电动机的

图 4-13 微型同步电动机外观

定子结构与相应的同步电动机的定子结构相同，都是通电产生旋转的定子磁场。微型同步电动机广泛用于恒速运转的自动控制装置、无线电通信、有声电影、磁带录音等同步随动系统中。

微型同步电动机的定子结构与一般的同步电动机相同，可以是三相的也可是单相的，但转子结构不同。将三相电通入三相对称绕组，产生旋转磁场的称为三相小型同步电动机；有两相绕组通入电流（包括单相电源经电容分相或单相罩极式），产生旋转磁场的称为单相小型同步电动机。单相微型同步电动机的定子与单相异步电动机的定子没有什么区别，不同的是转子，其特点是转子上没有绕组。根据转子结构的不同，微型同步电动机主要分为永磁式、反应式、磁滞式等，另外为了提高力能指标，还将磁滞式与其他形式结合起来。本任务主要介绍永磁式和磁滞式微型同步电动机。

1. 永磁式微型同步电动机

永磁式微型同步电动机的转子由永久磁铁制成，它可以是两极，也可以是多极。定子铁芯上绕有定子绕组，定子铁芯与转子之间为气隙。

永磁式微型同步电动机的工作原理如图 4-14 所示。当定子绕组通入电流，气隙中产生旋转磁场，由于磁极同性相斥，异性相吸，定子磁场牢牢吸住转子磁极，以同步转速一起旋转。当电动机的极数一定、电源频率不变时，电动机的同步转速为定值即恒定不变。但永磁式微型同步电动机和普通同步电动机一样，存在启动困难的问题。除了转子本身转动惯量很小、极数较多的低速永磁式微型同步电动机外，一般的永磁式微型同步电动机都附加有启动装置，以解决启动困难的问题。

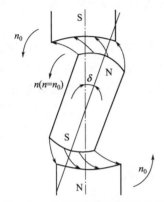

图 4-14　永磁式微型同步电动机
的工作原理示意图

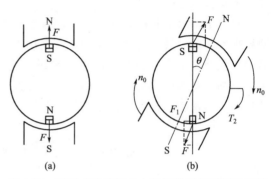

图 4-15　磁滞式微型同步电动机的工作原理示意图

永磁式微型同步电动机具有功率因数和效率高，材料利用率高，输出功率大等优点。但除小惯量同步电动机外，无法自行启动，且不能在异步情况下带负载运行，结构相对复杂，成本高。

2. 磁滞式微型同步电动机

磁滞式同步电动机的转子采用硬磁材料制成的隐极式结构，定子铁芯上绕有定子绕组，定子铁芯与转子之间为气隙。

当定子绕组通入电流，在气隙中产生旋转磁场，开始时定子磁场对转子进行磁化，转子产生规则的磁极，如图 4-15（a）所示。随着定子磁场的旋转，因转子采用硬磁材料，所以转子有较强的剩磁。当定子磁场离开时，转子磁性还存在，定子、转子磁极间产生吸引力就形成转矩（称为磁滞转矩），促使转子转动，并最终进入同步运行状态，如图 4-15（b）所示。

磁滞式同步电动机不需要任何启动装置都能自行启动，这是它的优点。同时它又具有结构简单、工作可靠、运行噪声小，可以同步运行又可以异步运行等优点，但磁滞电动机的效率和功率因数都较低，由于磁滞材料的利用率不高，所以电动机的重量和尺寸较同容量的其他同步电动机大，价格也较高。

微型同步电动机广泛应用在自动控制系统，常用于复印机、录音机、传真机、转页扇、钟表、定时器、程序控制系统、自动记录仪、电唱机、遥控装置等等。

任务 6　开关磁阻电动机的认识

一、任务描述与目标

开关磁阻电动机调速系统兼具直流、交流两类调速系统的优点，是继变频调速系统、无刷直流电动机调速系统之后发展起来的最新一代无级调速系统，是集现代微电子技术、数字技术、电力电子技术及现代电磁理论、设计和制作技术为一体的机电一体化高新技术。开关磁阻电动机外观图如图 4-16 所示。

本次任务的目标是：

（1）熟悉开关磁阻电动机的类型、结构和应用；

（2）理解开关磁阻电动机的工作原理。

二、相关知识

开关磁阻电动机系统主要由开关磁阻电动机（SRM）、功率变换器、控制器、转子位置检测器四大部分组成，系统框图如图 4-17 所示。控制器

图 4-16 开关磁阻电动机外观图

内包含控制电路与功率变换器，而转子位置检测器则安装在电动机的一端，电动机与国产 Y 系列感应电动机同功率同机座号同外形。

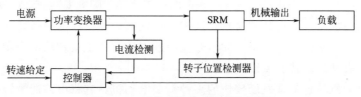

图 4-17 开关磁阻电动机系统框图

开关磁阻电动机的定子和转子都做成凸起状态，这种结构成为双凸极结构，如图 4-18 所示，定子和转子齿数不等，转子齿数一般比定子齿数少 2 个，定子齿上套有绕组，两个空间位置相对的定子齿线圈串联，转子上无绕组。这种电动机的运行原理遵循"磁阻最小原理"，即磁通总要沿着磁阻最小的路径闭合，而具有一定形状的铁芯在移动到最小磁阻位置时，必使自己的主轴线与磁场的轴线重合。

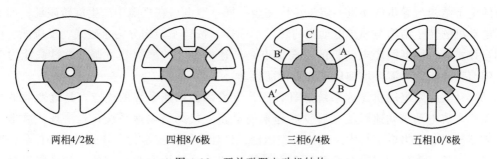

两相4/2极　　　四相8/6极　　　三相6/4极　　　五相10/8极

图 4-18 开关磁阻电动机结构

以四相 8/6 极开关磁阻电动机为例（图 4-19），若依次给各相定子绕组中 A→B→C→D 相绕组通电，转子即会逆着通电顺序以逆时针方向连续旋转；反之，若依次给 D→C→B→A 相通电，则电动机即会沿顺时针方向转动。可见，开关磁阻电动机的转向与相绕组的电流方向无关，而仅取决于相绕组通电的顺序。如果改变定子各相的通电顺序，电动机将改变转向。

开关磁阻电动机的结构简单、成本低、适合高速运行、损耗小、效率高、启动转矩高、启动电流小、适用于频繁启动、停止及正反转运行的场合，存在的主要问题是振动和噪声

大、转速和转矩的稳定性差。

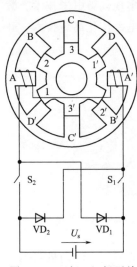

图 4-19　四相 8/6 极开关
磁阻电动机工作原理

三、总结与提升

（1）伺服电动机在自动控制系统中作执行元件，其类型分交、直流两种。直流伺服电动机的基本结构和特性与他励式直流电动机一样，不同的是一个绕组做励磁用，另一个绕组做接收控制信号用。交流伺服电动机其励磁绕组和控制绕组，分别相当于分相式异步电动机的主绕组和辅助绕组。控制方式有幅值控制、相位控制和幅-相控制三种。

（2）测速发电机是信号检测元件，其类型分交、直流两种。直流测速发电机的结构和工作原理与直流发电机相同，发电机的空载输出电压与转速成正比。交流测速发电机的结构与交流伺服电动机相同，当两相绕组之一作为励磁绕组，通过励磁电流后产生磁通。当转子以一定转速旋转时，则在另一绕组中输出电压，其大小与转速成正比，频率等于励磁电源频率，与转速大小无关。

（3）步进电动机是一种将脉冲信号转换成角位移或直线位移的执行元件，主要用于数字控制系统中。步进电动机每给一个脉冲信号就前进一步，转子就转动一个步距角，它能按照控制脉冲的要求启动、反转、无级调速。

（4）直线电动机是近年来发展较快的一种新型电动机，它将电磁能量转换成直线运动的机械能，对于作直线运行的生产机械，直线电动机可省去一套旋转运动转换成直线运动的中间转换机构，可提高精度和简化结构。直线电机形式很多，但其工作原理与异步电动机基本相同，理论上可分为直线发电机与直线电动机，但目前只有直线电动机获得了广泛应用。

（5）微型同步电动机中电动机转子的转速与定子产生的旋转磁场的转速保持相同，只要改变电流方向，微型同步电动机就能可逆运行，微型同步电动机广泛应用在自动控制系统和其他需要恒定转速的设备上。微型同步电动机按电源分类，有三相和单相两种。微型同步电动机的定子结构与异步电动机的定子结构完全一样，通电后在气隙中产生旋转磁场；而微型同步电动机的转子结构与异步电动机的转子不一样，按转子结构分为永磁式、反应式、磁滞式和自控式等。微型同步电动机的主要优点是转速恒定，功率因数可调节，过载能力变化小；但启动性能差，需要增加启动装置帮助启动。

（6）开关磁阻电动机调速系统兼具直流、交流两类调速系统的优点，是继变频调速系统、无刷直流电动机调速系统之后发展起来的最新一代无级调速系统，是集现代微电子技术、数字技术、电力电子技术及现代电磁理论、设计和制作技术为一体的机电一体化高新技术。英、美等经济发达国家对开关磁阻电动机调速系统的研究起步较早，并已取得显著效果，产品功率等级从数瓦直到数百千瓦，广泛应用于家用电器、航空、航天、电子、机械及电动车辆等领域。

习题与思考

1. 简述微特电机的分类。
2. 简述直流伺服电动机实现调速的两种控制方法。

3. 交流伺服电动机如何产生"自转现象"？如果该电动机在停转时，励磁绕组输入交变的励磁电压，"自转现象"会出现吗？为什么？

4. 交流测速发电机的励磁绕组与输出绕组相互垂直，没有磁耦合作用，为什么励磁绕组接交流电源，电机旋转时输出绕组会有电压？

5. 怎样改变步进电动机的转向？

6. 单拍和双拍通电是什么意思？

7. 直线电动机是如何工作的？应用在哪些方面？

8. 微型同步电动机有哪些类型？都是如何工作的？

项目五

典型机床控制电路

本项目主要介绍了 X62W 铣床、Z3040 摇臂钻床、C650 车床控制电路分析与故障排除方法等内容，通过学习，了解机床电气控制电路分析的一般方法和步骤；熟练分析机床电气控制原理图；掌握典型机床电气控制系统中常见故障的诊断与排除方法。

任务1 C650 车床控制电路分析与故障排除

一、任务描述与目标

在金属切削机床中，车床所占的比例最大，而且应用也最广泛。车床能够车削外圆、内圆、端面、螺纹等，并可用钻头、铰刀等刀具对工件进行加工。C650 卧式车床如图5-1 所示，它由三台三相异步电动机拖动，即主电动机 M1、刀架快速移动电动机 M2 和冷却泵电动机 M3。从车削工艺要求出发，对 C650 卧式车床的电力拖动及其控制有以下要求。

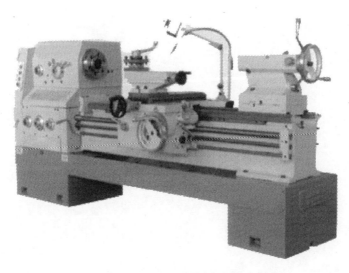

图 5-1　C650 卧式车床

（1）主运动：由三相异步电动机 M1 完成主轴主运动的驱动。电动机采用直接启动的方式启动，可正反两个方向旋转，并可实现正反两个旋转方向的电气停车制动。为加工调整方便，还具有点动功能。此外，还要显示主电动机工作电流以监视切削状况。

（2）进给运动：车削螺纹时，刀架移动与主轴旋转运动之间必须保持准确的比例关系，因此，车床主轴运动和进给运动只能由一台电动机拖动，刀架移动由主轴箱通过机械传动链来实现。

（3）辅助运动：为了提高生产效率、减轻工人劳动强度，溜板箱的快速移动由电动机M3单独拖动。根据使用需要，可随时手动控制起停，采用单向点动控制。尾座的移动和工件的夹紧与放松为手动操作。

（4）冷却要求：车削加工中，为防止刀具和工件的温度过高、延长刀具使用寿命、提高加工质量，车床附有一台单方向旋转的冷却泵电动机M2，与主轴电动机实现顺序起停，也可单独操作。

（5）要求有局部照明和必要的电气保护与联锁电路。

本次任务的目标是：

（1）了解电气原理图的分析方法和步骤。

（2）了解车床的主要运动形式，能进行试车操作。

（3）掌握C650车床控制电路工作原理。

（4）掌握C650车床电路故障分析方法及故障的检测流程。

（5）能按照正确的检测步骤，排除C650车床故障。

（6）在小组实施项目过程中培养团队合作意识。

二、相关知识

（一）电气原理图的分析方法和步骤

1. 查线读图法

查线读图法是分析继电-接触控制电路的最基本方法。继电-接触控制电路主要由信号元器件、控制元器件和执行元器件组成。

用查线读图法阅读电气控制原理图时，一般先分析执行元器件的线路（即主电路）。查看主电路有哪些控制元器件的触点及电气元器件等，根据它们大致判断被控制对象的性质和控制要求，然后根据主电路分析的结果所提供的线索及元器件触点的文字符号，在控制电路上查找有关的控制环节，结合元器件表和元器件动作位置图进行读图。控制电路的读图通常是由上而下或从左往右，读图时假想按下操作按钮，跟踪控制线路，观察有哪些电气元器件受控动作。再查看这些被控制元器件的触点又怎样控制另外一些控制元器件或执行元器件动作的。如果有自动循环控制，则要观察执行元器件带动机械运动将使哪些信号元器件状态发生变化，并又引起哪些控制元器件状态发生变化。在读图过程中，特别要注意控制环节相互间的联系和制约关系，直至将电路全部看懂为止。

查线读图法的优点是直观性强，容易掌握。缺点是分析复杂电路时易出错。因此，在用查线读图法分析线路时，一定要认真细心。

2. 电气控制电路的分析步骤

分析电气控制电路时，将整个电气控制线路划分成若干部分逐一进行分析。例如：各电动机的启动、停止、变速、制动、保护、相互间的联锁等。在仔细阅读设备说明书、了解电器控制系统的总体结构、电动机的分布状况及控制要求等内容之后，便可以分析电气控制原理图了。

电气控制原理图通常由主电路、控制电路、辅助电路、保护联锁环节以及特殊控制电路等部分组成。分析控制电路的最基本方法是查线读图法。

（1）分析主电路。从主电路入手，根据每台电动机和执行电器的控制要求去分析各电动机和执行电器的控制内容，包括电动机启动、转向控制、调速和制动等基本控制电路。

（2）分析控制电路。根据主电路各个电动机和执行电器的控制要求，逐一找出控制电路中的控制环节，将控制电路"化整为零"，按功能不同划分成若干个局部控制电路来进行分析。

（3）分析辅助电路。辅助电路包括执行元件的工作状态显示、电源显示、参数测定、照明和故障报警等部分。辅助电路中很多部分是由控制电路中的元器件来控制的，所以分析辅助电路时，还要回过头来对控制电路的这部分电路进行分析。

（4）分析联锁与保护环节。生产机械对安全性、可靠性有很高的要求，实现这些要求，除了合理地选择拖动、控制方案之外，在控制电路中还设置了必要的电气联锁和一系列的电气保护。必须对电气联锁与电气保护环节在控制线路中的作用进行分析。

（5）分析特殊控制环节。在某些控制电路中，还设置了一些与主电路、控制电路关系不密切，相对独立的某些特殊环节，如产品计数装置、自动检测系统、晶闸管触发电路和自动调温装置等。这些部分往往自成一个小系统，其读图分析的方法可参照上述分析过程，并灵活运用所学过的电子技术、变流技术、自控系统、检测与转换等知识进行逐一分析。

（6）总体检查。经过"化整为零"，逐步分析每一局部电路的工作原理以及各部分之间的控制关系后，还必须用"集零为整"的方法，全面检查整个控制电路，看是否有遗漏。特别要从整体角度去进一步检查和理解各控制环节之间的联系，机电液的配合情况，了解电路图中每一个电气元器件的作用，熟悉其工作过程并了解其主要参数，由此可以对整个电路有清晰的理解。

（二）车床的主要结构和运动情况

1. 车床的主要结构

图 5-2 所示为 C650 卧式车床结构示意图。它主要由床身、主轴、进给箱、溜板箱、刀

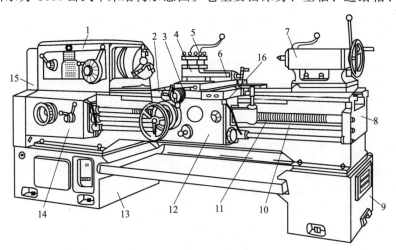

图 5-2　C650 卧式车床结构示意图

1—主轴箱；2—纵溜板；3—横溜板；4—转盘；5—方刀架；6—小溜板；7—尾座；8—床身；9—右床座；10—光杠；
11—丝杠；12—溜板箱；13—左床座；14—进给箱；15—挂轮架；16—操纵手柄

架、丝杠、光杠、尾座等部分组成。

2. 车床的运动形式

（1）主运动：工件旋转的运动。

（2）进给运动：刀架带动刀具的直线运动。溜板箱把丝杠或光杠的转动传递给刀架部分，变换溜板箱外的手柄位置，经刀架部分使车刀做纵向或横向进给。

（3）辅助运动：车床的辅助运动为机床上除切削运动以外的其他一切必需的运动，如刀架的快速移动、工件的夹紧与放松等。

（三）主电路分析

C650 卧式车床的电气控制原理图如图 5-3 所示。

（1）主电路有三台电动机 M1、M2 和 M3。M1 是主轴及进给电动机，通过它带动主轴的旋转并通过光杠和丝杠传递带动刀架的直线进给。M2 是冷却泵电动机，M3 是刀架快移电动机。三台电动机的接线方式均为 Y 形。

（2）三台电动机都是用接触器控制的。主电动机 M1 由接触器 KM1、KM2 实现正反转控制，KM3 是用于短接电阻 R。R 为限流电阻，在主轴点动时限制启动电流，在反接制动时又起限制过大的反向制动电流的作用。电流表 PA 用来监视主电动机的绕组电流，由于主电动机功率很大，故 PA 接入电流互感器 TA 回路。当主电动机启动时，电流表 PA 被短接，只有当正常工作时，电流表 PA 才指示绕组电流。机床工作时，可调整切削用量，使电流表的电流接近主电动机额定电流的对应值（经 TA 后减小了的电流值），以便提高工作效率和充分利用电动机的潜力。KM4 为控制冷却泵电动机 M2 的接触器，KM5 为控制快速移动电动机 M3 的接触器，由于 M3 点动短时运转，故不设置热继电器。

（3）组合开关 QS 为电源开关。FU1 为主电动机的短路保护用熔断器，FR1 为其过载保护用热继电器。R 为限流电阻，FR3 为 M2 的过载保护用热继电器。

（四）控制电路分析

1. 主轴电动机的点动控制

如图 5-4 所示，当按下点动按钮 SB2 不松手→接触器 KM1 线圈通电→KM1 主触点闭合→主轴电动机把限流电阻 R 串入电路中进行降压启动和低速运转。由于中间继电器 KA 未通电，故虽然 KM1 的辅助常开触点（5—8，此号表示触点两端的线号）已闭合，但不自锁。因而，当松开 SB2→KM1 线圈随即断电→主轴电动机 M1 停转。

2. 主轴电动机的正反转控制

如图 5-5 所示，按下正向启动按钮 SB3→KM3 线圈通电→KM3 主触点闭合→短接限流电阻 R 同时另有一个常开辅助触点 KM3（3—13）闭合→KA 线圈通电→KA 常开触点（3—8）闭合→KM3 线圈自锁保持通电→把电阻 R 切除同时 KA 线圈也保持通电。另一方面，当 SB3 尚未松开时，由于 KA 的另一常开触点（5—4）已闭合→KM1 线圈通电→KM1 主触点闭合→KM1 辅助常开触点（5—8）也闭合（自锁）→主电动机 M1 全压正向启动运行。这样，松开 SB3 后，由于 KA 的二个常开触点闭合，其中 KA（3—8）闭合使 KM3 线圈继续通电，KA（5—4）闭合使 KM1 线圈继续通电，故可形成自锁通路。在 KM3 线圈通电的同时，通电延时时间继电器 KT 通电，其作用是避免电流表受启动电流的冲击。

图 5-5 中 SB4 为反向启动按钮，反向启动过程与正向类似。

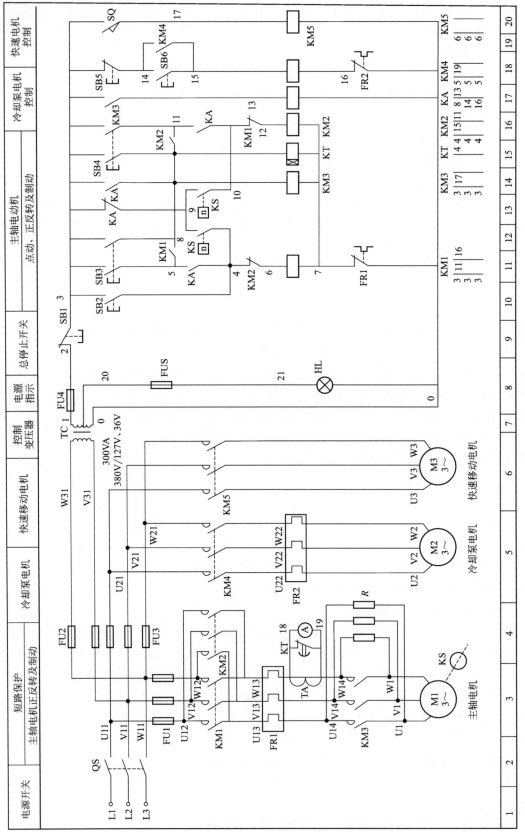

图5-3 C650卧式车床电气控制原理图

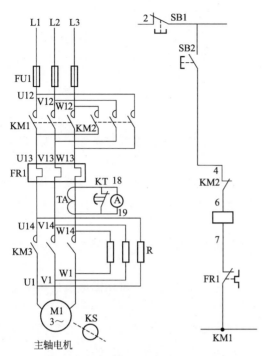

图 5-4　车床主轴电动机点动控制电路

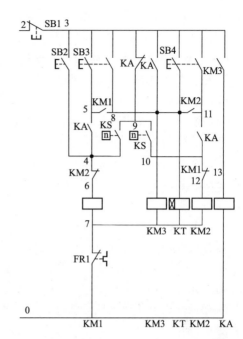

图 5-5　车床主轴电动机正反转及反接制动控制电路

3. 主轴电动机的反接制动控制

C650 车床采用反接制动方式，用速度继电器 KS 进行检测和控制。

假设原来主电动机 M1 正转运行，见图 5-5，则 KS（9—10）闭合，而反向常开触点 KS（9—4）依然断开。当按下反向总停按钮 SB1（2—3）后，原来通电的 KM1、KM3、KT 和 KA 就随即断电，它们的所有触点均被释放而复位。然而，当 SB1 松开后，反转接触器 KM2 立即通电，电流通路是：

2（线号）→SB1 常闭触点（2—3）→KA 常闭触点（3—9）→KS 正向常开触点 KS（9—10）→KM1 常闭触点（10—12）→KM2 线圈（12—7）→FR1 常闭触点（7—0）→0（线号）。

这样，主电动机 M1 就串接电阻 R 进行反接制动，正向速度很快降下来，当速度降到很低时（$n \leqslant 100\text{r/min}$），KS 的正向常开触点 KS（9—10）断开复位，从而切断了上述电流通路。至此，正向反接制动就结束了。

4. 主轴电动机负载检测及保护环节

C650 车床采用电流表检测主轴电动机定子电流。为防止启动电流的冲击，采用时间继电器 KT 的延时断开的动断触点连接在电流表的两端，为此，KT 延时应稍长于启动时间。而当制动停车时，当按下停止按钮 SB1 时，KM3、KA、KT 线圈相继断电释放，KT 触点瞬时闭合，将电流表短接，不会受到反接制动电流的冲击。

5. 刀架快速移动控制

转动刀架手柄，限位开关 SQ（3—17）被压动而闭合，使得快速移动接触器 KM5 线圈通电，快速移动电动机 M3 就启动运转，而当刀架手柄复位时，M3 随即停转。

6. 冷却泵控制

按 SB6（14—15）按钮→接触器 KM4 线圈得电并自锁→KM4 主触点闭合→冷却泵电动机 M2 启动运转；按下 SB5（3—14）→接触器 KM4 线圈失电→M2 停转。

（五）辅助电路分析

辅助电路包括照明电路和控制电源，图 5-3 中 TC 为控制变压器，二次侧有两路：一路为 127V，提供给控制电路；另一路为 36V（安全电压），提供给照明电路。

（六）电气控制电路故障的一般分析方法

1. 电气控制电路故障的诊断步骤

（1）故障调查

问：询问机床操作人员，故障发生前后的情况如何，有利于根据电气设备的工作原理来判断发生故障的部位，分析出故障的原因。

看：观察熔断器内的熔体是否熔断；其他电气元件有烧毁、发热、断线、导线连接螺钉是否松动；触点是否氧化、积尘等。要特别注意高电压、大电流的地方，活动机会多的部位，容易受潮的接插件等。

听：电动机、变压器、接触器等，正常运行的声音和发生故障时的声音是有区别的，听声音是否正常，可以帮助寻找故障的范围、部位。

摸：电动机、电磁线圈、变压器等发生故障时，温度会显著上升，可切断电源后用手去触摸判断元件是否正常。

注意：不论电路通电或是断电，要特别注意不能用手直接去触摸金属触点！必须借助仪表来测量。

（2）电路分析

根据调查结果，参考该电气设备的电气原理图进行分析，初步判断出故障产生的部位，然后逐步缩小故障范围，直至找到故障点并加以消除。

分析故障时应有针对性，如接地故障一般先考虑电气柜外的电气装置，后考虑电气柜内的电气元件。断路和短路故障，应先考虑动作频繁的元件，后考虑其余元件。

（3）断电检查

检查前先断开机床总电源，然后根据故障可能产生的部位，逐步找出故障点。检查时应先检查电源线进线处有无碰伤而引起的电源接地、短路等现象，螺旋式熔断器的熔断指示器是否跳出，热继电器是否动作。然后检查电气外部有无损坏，连接导线有无断路、松动，绝缘有否过热或烧焦。

（4）通电检查

作断电检查仍未找到故障时，可对电气设备作通电检查。

在通电检查时要尽量使电动机和其所传动的机械部分脱开，将控制器和转换开关置于零位，行程开关还原到正常位置。然后万用表检查电源电压是否正常，有否缺相或严重不平衡。再进行通电检查，检查的顺序为：先检查控制电路，后检查主电路；先检查辅助系统，后检查主传动系统；先检查交流系统，后检查直流系统；合上开关，观察各电气元件是否按要求动作，有否冒火、冒烟、熔断器熔断的现象，直至查到发生故障的部位。

2. 电气控制电路故障的诊断方法

电气故障的检修方法较多，常用的有电压法和电阻法等。

（1）电压测量法：指利用万用表测量机床电气线路上某两点间的电压值来判断故障点的范围或故障元件的方法。

① 电压分阶测量法。

电压的分阶测量法如图 5-6 所示，检查时，首先用万用表测量 1、7 两点间的电压，若电路正常应为 380V 或 220V。然后按住启动按钮 SB2 不放，同时将黑色表棒接到点 7 上，红色表棒按 6、5、4、3、2 标号依次向前移动，分别测量 7-6、7-5、7-4、7-3、7-2 各阶之间的电压，电路正常情况下，各阶的电压值均为 380V 或 220V。如测到 7-6 之间无电压，说明是断路故障，此时可将红色表棒向前移，当移至某点（如 2 点）时电压正常，说明点 2 以前的触点或接线有断路故障。一般是点 2 后第一个触点（即刚跨过的停止按钮 SB1 的触点）或连接线断路。

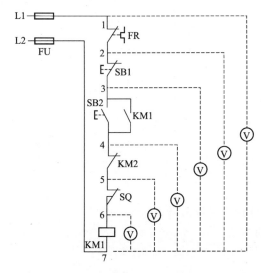

图 5-6　电压的分阶测量法

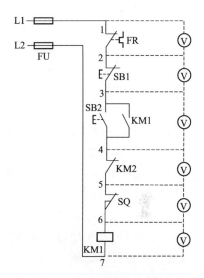

图 5-7　电压的分段测量法

② 电压分段测量法。

电压的分段测量法如图 5-7 所示，检查时，首先用万用表测试 1、7 两点，电压值为 380V 或 220V，说明电源电压正常。电压的分段测试法是将红、黑两根表棒逐段测量相邻两标号点 1-2、2-3、3-4、4-5、5-6、6-7 间的电压。如电路正常，按 SB2 后，除 6-7 两点间的电压等于 380V 或 220V 之外，其他任何相邻两点间的电压值均为零。如按下启动按钮 SB2，接触器 KM1 不吸合，说明发生断路故障，此时可用电压表逐段测试各相邻两点间的电压。如测量到某相邻两点间的电压为 380V 或 220V 时，说明这两点间所包含的触点、连接导线接触不良或有断路故障。例如标号 4-5 两点间的电压为 380V 或 220V，说明接触器 KM2 的常闭触点接触不良。

（2）电阻测量法：指利用万用表测量机床电气线路上某两点间的电阻值来判断故障点的范围或故障元件的方法。

电阻测量法如图 5-8 所示，按下启动按钮 SB2，接触器 KM1 不吸合，该电气回路有断路故障。用万用表的电阻挡检测前应先断开电源，然后按下 SB2 不放松，先测量 1、7 两点间的电阻，如电阻值为无

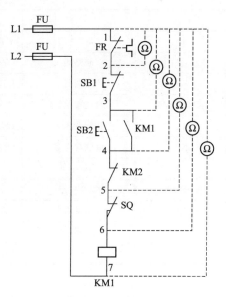

图 5-8　电阻测量法

穷大，说明 1-7 之间的电路断路。然后分阶测量 1-2、1-3、1-4、1-5、1-6 各点间电阻值。若电路正常，则该两点间的电阻值为"0"；当测量到某标号间的电阻值为无穷大，则说明表棒刚跨过的触点或连接导线断路。

电阻测量法注意点：

① 用电阻测量法检查故障时一定要断开电源。

② 如被测的电路与其他电路并联时，必须将该电路与其他电路断开，否则所测得的电阻值是不准确的。

③ 测量高电阻值的电气元件时，把万用表的选择开关旋转至适合电阻挡。

三、任务实施

（一）任务实施内容

（1）C650 车床电气控制线路的安装与调试。

（2）C650 车床控制电路的检修。

（二）任务实施要求

（1）能读懂 C650 车床的电气控制图。

（2）能正确分析 C650 车床电气控制线路。

（3）能正确选择元器件，进行电气控制线路的安装与调试。

（4）掌握 C650 车床控制电路制线路检修的方法。

（三）任务所需设备

（1）电工常用工具，元器件若干。

（2）MF47 型万用表一块。

（3）C650 车床电气控制盘。

（四）任务实施步骤

1. C650 车床电气控制线路的安装与调试。

（1）根据如下所示的元器件明细表配齐电气元器件，逐个检验型号，规格及质量是否合格：

代号	名称	型号及规格	数量
M	电动机	Y 系列	3
QF	断路器	DZ47,20A,3P	1
FU	熔断器	RT14-20,2A	10
KM1-KM6	交流接触器	CJX2-0910,线圈电压 220V(含辅助触点两开两闭)	6
TC	控制变压器	BK-150VA,可变 220V,36V	1
KT	时间继电器	ST3P,220V	1
FR	热继电器	JR36-6.8-11A	2
SB	组合按钮	LA4-3H	2
KS	速度继电器	JY-1 型	1
XT	端子排	节	3
	导线	BLV2.5平方红黄蓝	3
	记号管	米	1
	线槽	根	2

（2）按照如下所示的电气元件位置图在控制板上安装所有电气元件，贴上醒目的文字符号：

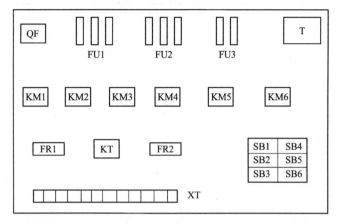

（3）按照电气原理图进行接线，先完成主电路接线，然后是控制电路，主电路用红色线，控制电路用蓝色线。

（4）主电路接线检查：按电路图或接线图从电源端开始，逐段核对接线有无漏接、错接之处，检查导线接点是否符合要求，压接是否牢固，以免带负载运行时产生闪弧现象。

（5）控制电路接线检查：用万用表电阻挡检查控制电路接线情况。

（6）合上开关，按照操作步骤进行操作，看是否满足控制要求。若有异常，按照检修步骤及方法进行检修，检修后再次通电试车，直至成功。

（7）通电试车完毕，停转，切断电源。

2．C650 车床控制电路的检修

任务实施任务单：

检修前准备			
序号	准备内容	准备情况自查	
1	知识准备	C650 卧式车床主要构成元器件是否熟悉　　　　　　是□　否□ 主电路、控制电路是否了解工作原理　　是□　否□ 是否可以熟练利用万用表进行测量　　　　是□　否□	
2	材料准备	万用表是否完好　　　　　　是□　否□ 工具是否齐全　　　　　　是□　否□ C650 卧式车床电气控制盘是否能正常工作　　　　是□　否□	
检修过程记录			
步骤	实施内容		数据记录
1	对 C650 卧式车床进行操作，熟悉 C650 卧式车床的主要结构和运动形式，了解 C650 卧式车床的各种工作状态和操作方法		
2	参照图 5-3 所示 C650 卧式车床电气原理图，熟悉 C650 卧式车床电气元件的实际位置和走线情况，并通过测量等方法找出实际走线路径		
3	在 C650 卧式车床上人为设置自然故障点，由教师示范检修，边分析边检查，直至故障排除。 讲解注意事项： (1)通电试验，引导学生观察故障现象。 (2)根据故障现象，依据电路图用逻辑分析法初步确定故障范围，并在电路图中标出最小故障范围。 (3)采取适当的检查方法查出故障点，并正确地排除故障。 (4)检修完毕进行通电试车，并做好维修记录		

续表

检修过程记录		
步骤	实施内容	数据记录
4	由教师设置让学生知道的故障点,指导学生如何从故障现象着手进行分析,逐步引导学生采用正确的检查步骤和检修方法进行检修	
5	教师在线路中设置两处人为的自然故障点,由学生按照检查步骤和检修方法进行检修	
6	收尾检查: 电机正确装配完毕□　　　　仪表挡位回位□ 垃圾清理干净□　　　　　　凳子放回原处□ 台面清理干净□	
验收		
优秀□　　　良好□　　　中□　　　及格□　　　不及格□ 　　　　　　　　　　　　　　　教师签字:　　　　　　　　日期:		

班级:_____　组别:_____　学号:_____　姓名:_____　操作日期:_____

(五) 任务实施标准

项目内容	配分	评分标准		扣分
故障分析	30 分	(1)故障分析、排除故障思路不正确 (2)不能标出最小故障范围	扣 5～10 分 每个扣 15 分	
故障排除	70 分	(1)工具及仪表使用不当 (2)检查故障的方法不正确 (3)排除故障的方法不正确 (4)不能排除故障点 (5)扩大故障范围或产生新的故障点 (6)损坏电气元件 (7)排除故障后通电试车不成功	每次扣 5 分 扣 20 分 扣 20 分 每个扣 30 分 每个扣 40 分 每个扣 20～40 分 扣 50 分	
安全文明生产	违反安全文明生产规程　　　　　　　　　扣 10～70 分			
故障排除时间	30min,故障查找不允许超时,故障排除每超时 5min,扣 5 分			
开始时间		结束时间		
成绩				

四、知识拓展——C650 卧式车床常见故障分析

1. 主轴电动机不能启动

(1) FU1 的熔丝熔断,应更换新的熔丝。

(2) 热继电器 FR1 已动作,其常闭触点尚未复位,应复位。

(3) 启动按钮 SB3 或停止按钮 SB1 内的触点接触不良,应修理或更换。

(4) 交流接触器 KM1、KM3 的线圈烧毁或接线脱落,应修理或更换新的接触器。

2. 按下启动按钮后,电动机发出嗡嗡声,不能启动

(1) 这是电动机的三相电源缺相造成的,熔断器 FU1 某一相熔丝烧断。

(2) 接触器 KM3 或 KM1 一对主触点没接触好。

（3）电动机接线某一处断线等。

3．按下停止按钮，主轴电动机不能停止

（1）接触器 KM1、KM3 触点熔焊、主触点被杂物阻卡。

（2）停止按钮 SB1 常闭触点被阻卡。

4．主轴电动机不能点动

点动按钮 SB2 其常开触点损坏或接线脱落。

5．主轴电动机不能进行反接制动

（1）速度继电器 KS 损坏或接线脱落。

（2）电阻 R 损坏或接线脱落。

6．不能检测主轴电动机负载

（1）电流表损坏。

（2）时间继电器 KT 设定时间太短或损坏。

（3）电流互感器 TA 损坏。

任务 2　X62W 铣床控制电路分析与故障排除

一、任务描述与目标

　　在金属切削机床中，铣床在数量上占第二位，主要用于加工零件的平面、斜面、沟槽等型面的机床，装上分度头后，可以加工齿轮或螺旋面，装上回转圆工作台则可以加工凸轮和弧形槽。X62W 型铣床如图 5-9 所示。铣削加工时，铣刀在主轴电机的拖动下作旋转运动，工件通过夹具安装在工作台上，在进给电机的拖动下作纵向、横行和垂直三种运动形式、六个方向的进给运动。若安装上附件圆工作台也可完成旋转进给移动。

图 5-9　X62W 型铣床

　　从铣削工艺要求出发，对 X62W 型铣床的电力拖动及其控制有以下要求：

1．主运动

　　铣刀的旋转运动为铣床的主运动，由一台笼型异步电动机 M1 拖动。为适应顺铣和逆铣的需要，要求主轴电动机能进行正反转，为实现快速停车，主电动机常采用反接制动停车方式。为使主轴变速时变速器内齿轮易于啮合，减小齿轮端面的冲击，要求主轴电动机在变速时具有变速冲动。

2．进给运动

　　工作台纵向、横行和垂直三种运动形式、六个方向的直线运动为进给运动。由于铣床的主运动和进给运动之间没有速度比例协调的要求，故进给运动由一台进给电动机 M2 拖动，要求进给电动机能正反转。

3．辅助运动

　　为了缩短调整运动的时间，提高铣床的工作效率，工作台在上下、左右、前后三个方向上必须能进行快速移动控制，另外，圆工作台能快速回转，这些都称为铣床的辅助运动。X62W 铣床是采用快速电磁铁 YA 吸合来改变传动链的传动比来实现快速移动的。

4. 变速冲动

为适应加工的需要，主轴转速与进给速度应有较宽的调节范围。X62W 铣床是采用机械变速的方法，改变变速箱传动比来实现的。为保证变速时齿轮易于啮合，减小齿轮端面的冲击，要求变速时有电动机冲动（短时转动）控制。

5. 联锁要求

（1）主轴电动机和进给电动机的联锁：在铣削加工中，为了不使工件和铣刀碰撞发生事故，要求进给拖动一定要在铣刀旋转时才能进行，因此要求主轴电动机和进给电动机之间要有可靠的联锁。

（2）纵向、横向、垂直方向与圆工作台的联锁：为了保证机床、刀具的安全，在铣削加工时，只允许工作台作一个方向的进给运动。在使用圆工作台加工时，不允许工件做纵向、横向和垂直方向的进给运动。为此，各方向进给运动之间应具有联锁环节。

6. 冷却润滑要求

铣削加工中，根据不同的工件材料，也为了延长刀具的寿命和提高加工质量，需要切削液对工件和刀具进行冷却润滑，而有时又不采用，因此采用转换开关控制冷却泵电动机单向旋转供给铣削时的冷却液。

7. 两地控制及安全照明要求

为操作方便，应能在两处控制各部件的启动停止，并配有安全照明电路。

本次任务的目标是：

（1）了解电气原理图的分析方法和步骤。

（2）掌握 X62W 铣床控制电路工作原理。

（3）能进行 X62W 铣床控制电路故障排除。

（4）在小组实施项目过程中培养团队合作意识。

二、相关知识

（一）X62W 型铣床的主要结构和运动形式

1. 主要结构

铣床由床身、主轴、刀架支杆、横梁、工作台、回转盘、溜板和升降台等几部分组成，如图 5-10 所示。箱形的床身 4 固定在底盘 14 上，在床身内装有主轴传动机构及主轴变速操纵机构。在床身的顶部有水平导轨，其上装有带着一个或两个刀杆支架的悬梁。刀杆支架用来支承安装铣刀心轴的一端，而心轴的另一端则固定在主轴上。在床身的前方有垂直导轨，一端悬持的升降台可沿之作上下移动。在升降台上面的水平导轨上，装有可平行于主轴轴线方向移动（横向移动）的溜板 10。工作台 8 可沿溜板上部转动部分 9 的导轨在垂直与主轴轴线的方向移动（纵向移动）。这样，安装在工作台上的工件可以在三个方向调整位置或完成进给运动。此外，由于转动部分对溜板 10 可绕垂直轴线转动一个角度（通常为 ±45°），这样，工作台于水平面上除能平行或垂直于主轴轴线方向进给外，还能在倾斜方向进给，从而完成铣螺旋槽的加工。

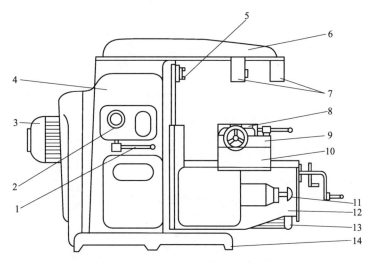

图 5-10　X62W 型铣床结构图

1—主轴变速手柄；2—主轴变速盘；3—主轴电动机；4—床身；5—主轴；6—悬架；7—刀架支杆；8—工作台；

9—转动部分；10—溜板；11—进给变速手柄及变速盘；12—升降台；13—进给电动机；14—底盘

2. 铣床的运动形式

（1）主运动：主轴带动铣刀的旋转运动。

（2）进给运动：在进给电动机的拖动下，工作台带动工件在纵向、横行和垂直三种运动形式、六个方向上的直线运动。若安装上附件圆工作台也可完成旋转进给运动。

（3）辅助运动：工作台带动工件在纵向、横向和垂直六个方向上的快速移动。

（二）主电路分析

由图 5-11 可知，主电路中共有三台电动机，其中 M1 为主轴拖动电动机，M2 为工作台进给拖动电动机，M3 为冷却泵拖动电动机，QS 为电源总开关，各电动机的控制过程分别是：

（1）主轴电动机 M1 由接触器 KM3 控制，由倒顺开关 SA5 预选转向，KM2 的主触点串联两相电阻与速度继电器 KS 配合实现停车反接制动。另外还通过机械结构和接触器 KM2 进行变速冲动控制。

（2）工作台拖动电动机 M2 由接触器 KM4、KM5 的主触点控制，并由接触器 KM6 主触点控制快速电磁铁 YC，决定工作台移动速度，KM6 接通为快速，断开为慢速。

（3）冷却泵拖动电动机由接触器 KM1 控制，单方向旋转。

（三）控制电路分析

由于控制电器较多，所以控制电压为 127V，由控制变压器 TC 供给。

1. 主轴电动机控制线路分析

（1）主轴电动机控制原理图

铣床主轴电动机控制电路图如图 5-12 所示。

（2）原理分析

① 主轴的启动过程分析。

启动时，换向开关 SA5 旋转到所需要的旋转方向，按下 SB1（或 SB2）→KM3 线圈通电并自锁→KM3 的主触点闭合，主电动机 M1 启动运行。

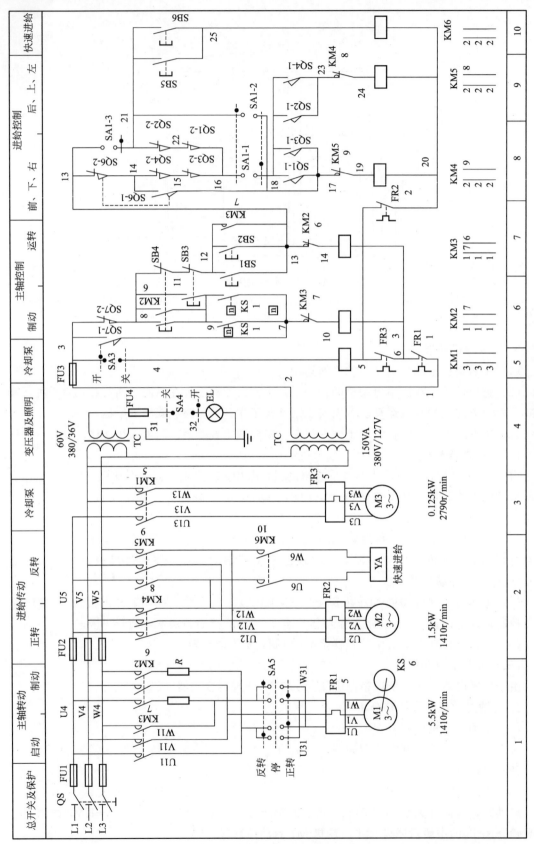

图5-11 X62W 万能铣床电气原理图

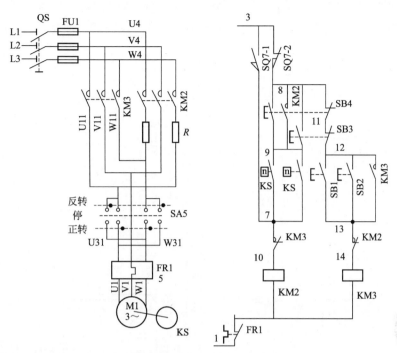

图 5-12 铣床主轴电动机控制电路图

主轴启动的控制回路为：3（线号）→SQ7-2→SB4 常闭→SB3 常闭→SB1（或 SB2）常开→KM2 常闭→KM3 线圈→FR 常闭→1

② 主轴的停车制动过程分析。

停止时，按下 SB3（或 SB4）→KM3 线圈随即断电，但此时速度继电器 KS 的正向触点（9—7）或反向触点（9—7）总有一个闭合着→制动接触器 KM2 线圈立即通电→KM2 的三对主触点闭合→电源接反相序→主电动机 M1 串入电阻 R 进行反接制动。

③ 主轴的变速冲动过程分析。

主轴变速可在主轴不动时进行，亦可在轴工作时进行，利用变速手柄与限位开关 SQ7 的联动机构进行控制，具体控制过程见图 5-13 所示。

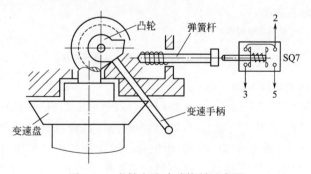

图 5-13 主轴变速冲动控制示意图

变速时，先下压变速手柄，然后拉到前面，当快要落到第二道槽时，转动变速盘，选择需要的转速。此时凸轮压下弹簧杆，使冲动行程 SQ7 的常闭触点先断开，切断 KM3 线圈的电路，电动机 M1 断电；同时 SQ7 的常开触点后接通，KM2 线圈得电动作，M1 被反接制动。当手柄拉到第二道槽时，SQ7不受凸轮控制而复位，M1停转。接着把手柄从第二道槽推回原始位置时，凸轮又瞬时压动行程开关SQ7，使M1反向瞬时冲动一下，以利于变速后的齿轮啮合。

2. 进给电动机控制原理图

铣床进给电动机控制原理图如图5-14所示。

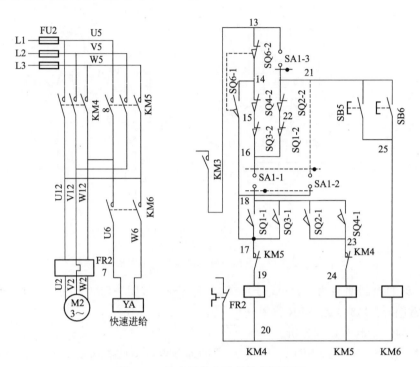

图5-14　铣床进给电动机控制原理图

3. 工作台移动控制原理分析

从图5-14中可见，工作台移动控制电路的电源的一端（线号13）引出，串入KM3的自锁触点，从而保证主轴旋转与工作进给和联锁要求。

（1）工作台纵向（左右）移动控制

① 启动工作台向右进给：

纵向手柄板向右 → 合上纵向进给机械离合器 / 压下 SQ1 $\left(\begin{array}{l}SQ1\text{-}1 + \\ SQ1\text{-}2 -\end{array}\right)$ → KM4 → M2 正转 → 工作台右移

KM4的电流通路（见图5-14）为：

13（线号）→SQ6-2（13—14）→SQ4-2（14—15）→SQ3-2（15—16）→SA1-1（16—18）→SQ1-1（18—17）→KM5常闭互锁触点（17—19）→KM4线圈（19—20）→20（线号）

② 停止右进给：纵向操作手柄扳回中间位置，SQ1不受压，工作台行止移动。

在工作台的左右终端安装了撞块。当不慎向右进给至终端时，左右操作手柄就被右端撞块撞到中间停车位置，用机械方法使SQ1复位，KM4线圈断电，实现了限位保护。

工作台向左移动时电路的工作原理与向右时相似。

（2）工作台前后和上下进给运动的控制

十字操作手柄有上、下、前、后、中间五个位置控制工作台的前后、上下进给和停止。

① 工作台向上运动控制：

十字手柄板向上 →┬→合上垂直进给的机械离合器
　　　　　　　　└→压下 SQ4 $\binom{\text{SQ4-1}+}{\text{SQ4-2}-}$ →KM5 +→ M2 反转→工作台向上运动

KM5 通电的电流通路（见图 5-14）为：

13（线号）→SA1-3（13—21）→SQ2-2（21—22）→SQ1-2（22—16）→SA1-1（16—18）→SQ4-1（18—23）→KM4 常闭互锁触点（23—24）→KM5 线圈（24—20）→20（线号）

另外，也设置了上下限位保护用终端撞块。工作台的向下移动工作原理与向上移动控制类似。

② 工作台向前边运动控制：

十字手柄板向前 →┬→合上横向进给的机械离合器
　　　　　　　　└→压下 SQ3 $\binom{\text{SQ3-1}+}{\text{SQ3-2}-}$ →KM4 +→ M2 正转→工作台向前运动

③工作台向后运动控制：

十字手柄板向后 →┬→合上横向进给的机械离合器
　　　　　　　　└→压下 SQ4 $\binom{\text{SQ4-1}+}{\text{SQ4-2}-}$ →KM5 +→ M2 反转→工作台向后运动

KM4 和 KM5 通电的电流通路（见图 5-14）可自行分析。

（3）工作台的快速移动控制

① 主轴工作时的快速运动

按下 SB5（SB6）→KM6+→ 电磁铁 YB 通电→工作台快速进给

② 主轴不工作时的快速运动

SA5 扳向"停止"位置，按 SB1（SB2）→KM3+（自锁），提供进给运动的电源→操作工作台手柄→进给电动机 M2 转动→按下 SB5（SB6）→KM16+→电磁铁 YC 通电→工作台快速进给。

（4）工作台各运动方向的联锁

在同一时间内，工作台只允许向一个方向移动，各运动方向之间的联锁是利用机械和电气两种方法来实现的。

工作台的向右、向左控制，是同一手柄操作的，手柄本身带动行程开关 SQ1 和 SQ2 起到左右移动的联锁作用，SQ1 和 SQ2 的工作状态见表 5-1。同理，工作台的前后和上下四个方向的联锁，是通过十字手柄本身来实现的，见表 5-2 中行程开关 SQ3 和 SQ4 的工作状态。

表 5-1　SQ1 和 SQ2 的工作状态

纵向手柄 触点	向左	中间（停）	向右
SQ1-1	−	−	+
SQ1-2	+	+	−
SQ2-1	+	−	−
SQ2-2	−	+	+

表 5-2　SQ3 和 SQ4 的工作状态

升降横向手柄 触点	向前向下	中间（停）	向后向上
SQ3-1	+	−	−
SQ3-2	−	+	+
SQ4-1	−	−	+
SQ4-2	+	+	−

工作台的纵向移动同横向及升降移动之间的联锁是利用电气方法来实现的。由纵向操作手柄控制的 SQ1-2 和 SQ2-2 和横向、升降进给操作手柄控制的 SQ3-2 和 SQ4-2 两个并联支

路控制接触器 KM4 和 KM5 的线圈，若两个手柄都扳动，则把这两个支路都断开，使 KM4 或 KM5 都不能工作，达到联锁的目的，防止两个手柄同时操作而损坏机床。

（5）工作台进给变速冲动控制

在进给变速冲动时要求工作台停止移动进行，所有手柄置中间位置。

① 进给变速操作过程

进给变速手柄外拉→对准需要速度，将手柄拉出到极限→压动限位开关 SQ6→KM4＋→进给电动机 M2 正转，便于齿轮啮合。

进给变速手柄推回原位，进给变速完成。

② KM4 通电的电流通路（见图 5-14）为：

13（线号）→SA1-3（13—21）→SQ2-2（21—22）→SQ1-2（22—16）→SQ3-2（16—15）→SQ4-2（15—14）→SQ6-1（14—17）→KM5 常闭互锁触点（17—19）→KM4 线圈（19—20）→20（线号）

可见，若左右操作手柄和十字手柄中只要有一个不在中间停止位置，此电流通路便被切断。但是，在这种工作台朝某一方向运动的情况下进行变速操作，由于没有使进给电动机 M2 停转的电气措施，因而在转动手轮改变齿轮传动比时可能会损坏齿轮，故这种误操作必须严格禁止。

（6）圆工作台进给的控制

圆工作台工作时要求工作台的进给操作手柄都置中间位置。

SA1 为控制圆工作台工作的选择开关，其触点工作状态见表 5-3 所示。

表 5-3　圆工作选择开关 SA1 触点通断情况

触　点　＼　位　置	接通圆工作台	断开圆工作台
SA1-1	−	＋
SA1-2	＋	−
SA1-3	−	＋

① 圆工作台单向转动。

开关 SA1 板向"接通"位置 $\begin{cases} SA1\text{-}1- \\ SA1\text{-}2+ \\ SA1\text{-}3- \end{cases}$ →工作台两个进给手柄扳向中间位置

按下 SB1（SB2）→KM3＋ $\begin{cases} \text{→主轴电动机 M1 转动} \\ \text{→KM4 ＋→进给电动机 M2 正转→圆工作台回转。} \end{cases}$

路径：13（线号）→ SQ6-2（13—14）→ SQ4-2（14—15）→ SQ3-2（15—16）→ SQ1-2（16—22）→SQ2-2（22—21）→SA1-2（21—17）→KM5 常闭互锁触点（17—19）→KM4 线圈（19—20）→20（线号）

② 圆工作台停止工作。

按 SB3（SB4）→KM3− $\begin{cases} \text{→主轴电动机 M1 停止工作} \\ \text{→KM4 →进给电动机 M2 停止工作} \end{cases}$

显见，此时电动机 M2 正转并带动圆工作台单向旋转。由于圆工作台的控制电路中串联了 SQ1～SQ4 的常闭触点，所以扳动工作台任一方向的进给手柄，都将使圆工作台停止转动，这就起到圆工作台转动与普通工作台三个方向移动的联锁保护。

4. 冷却泵电动机的控制

由转换开关 SA3 控制接触器 KM1 来控制冷却泵电动机 M3 的启动和停止。

5. 辅助电路及保护环节

机床的局部照明由变压器 TC 供给 36V 安全电压，转换开关 SA4（31—32）控制照明灯 EL。

M1、M2 和 M3 为连续工作制，由 FR1、FR2 和 FR3 实现过载保护。当主电动机 M1 过载时，FR1 动作，其常闭触点 FR1（1—6）断开，切除整个控制电路的电源。当冷却泵电动机 M3 过载时，FR3 动作，其常闭触点 FR3（5—6）断开，切除 M2、M3 的控制电源。当进给电动机 M2 过载时，FR2 动作，其常闭触点 FR2（5—20）切除自身的控制电源。

由 FU1、FU2 实现主电路的短路保护，FU3 实现控制电路的短路保护，FU4 实现照明电路的短路保护。

三、任务实施

（一）任务实施内容
（1）X62W 铣床电气控制线路的安装与调试。
（2）X62W 铣床控制电路的检修。

（二）任务实施要求
（1）能读懂 X62W 铣床的电气控制图。
（2）能正确分析 X62W 铣床电气控制线路。
（3）能正确选择元器件，进行电气控制线路的安装与调试。
（4）掌握 X62W 铣床控制电路制线路检修的方法。

（三）任务所需设备
（1）电工常用工具，元器件若干。
（2）MF47 型万用表一块。
（3）X62W 铣车床电气控制盘。

（四）任务实施步骤

1. X62W 铣床电气控制线路的安装与调试

（1）根据如下所示的电气元件明细表配齐电气元器件，逐个检验型号，规格及质量是否合格：

代号	名称	型号及规格	数量
M1	主轴电动机	Y 系列	1
M2	进给电动机	Y 系列	1
M3	冷却泵电动机	Y 系列	1
QF	断路器	DZ47,20A,3P	1
FU	熔断器	RT14-20,2A	5
KM1~KM6	交流接触器	CJX2-0910,线圈电压 220V(含辅助触点两开两闭)	6
TC	控制变压器	BK-150VA,可变 220V,36V	1

续表

代号	名称	型号及规格	数量
SA1、SA3	组合开关 万能转换开关	HZ5D-20/4	2
FR	热继电器	JR36-6.8-11A	3
SB	组合按钮	LA4-3H	6
SQ	行程开关	LX3-11K	2
SQ1～SQ4	位置开关	XD2-PA24CR 十字四位开关	1
SA5	倒顺开关	HY2-15A	1
XT	端子排	节	3
	电阻	1.2kΩ	2
	指示灯	普通指示灯	8
	导线	BLV2.5平方红黄蓝	3
	记号管	米	1
	线槽	根	2

（2）按照如下所示的电气元件位置图在控制板上安装所有电气元件，贴上醒目的文字符号。

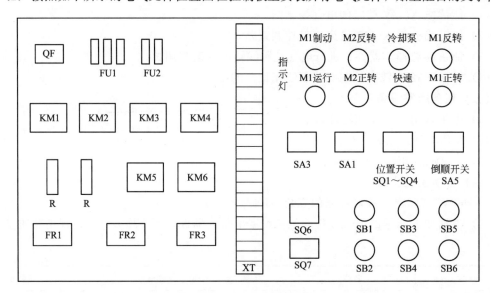

（3）按照电气原理图进行接线，先完成主电路接线，然后是控制电路，主电路用红色线，控制电路用蓝色线。

（4）主电路接线检查：按电路图或接线图从电源端开始，逐段核对接线有无漏接、错接之处，检查导线接点是否符合要求，压接是否牢固，以免带负载运行时产生闪弧现象。

（5）控制电路接线检查：用万用表电阻挡检查控制电路接线情况。

（6）合上开关，按照操作步骤进行操作，看是否满足控制要求。若有异常，按照检修步骤及方法进行检修，检修后再次通电试车，直至成功。

（7）通电试车完毕，停转，切断电源。

2. X62W 车床控制电路的检修

任务实施任务单：

班级：_____ 组别：_____ 学号：_____ 姓名：_____ 操作日期：_____

检修前准备			
序号	准备内容	准备情况自查	
1	知识准备	X62W 铣床主要构成元器件是否熟悉　　　　　是□　否□ 主电路控制电路是否了解工作原理　　　　　是□　否□ 是否可以熟练利用万用表进行测量　　　　　是□　否□	
2	材料准备	万用表是否完好　　　　　　　　　　　　　是□　否□ 工具是否齐全　　　　　　　　　　　　　　是□　否□ X62W 铣床电气控制盘是否能正常工作　　　是□　否□	

检修过程记录		
步骤	实施内容	数据记录
1	对铣床进行操作,熟悉铣床的主要结构和运动形式,了解铣床的各种工作状态和操作方法	
2	参照图 5-11 所示 X62W 铣床电气原理图,结合铣床电气控制线路盘,熟悉 X62W 铣床电气元件的实际位置和走线情况,并通过测量等方法找出实际走线路径	
3	在 X62W 铣床上人为设置自然故障点,由教师示范检修,边分析边检查,直至故障排除。 讲解注意事项: (1)通电试验,引导学生观察故障现象。 (2)根据故障现象,依据电路图用逻辑分析法初步确定故障范围,并在电路图中标出最小故障范围。 (3)采取适当的检查方法查出故障点,并正确地排除故障。 (4)检修完毕进行通电试车,并做好维修记录	
4	由教师设置让学生知道的故障点,指导学生如何从故障现象着手进行分析,逐步引导学生采用正确的检查步骤和检修方法进行检修	
5	教师在线路中设置两处人为的自然故障点,由学生按照检查步骤和检修方法进行检修	
6	收尾检查: 电机正确装配完毕□　　　　仪表挡位回位□ 垃圾清理干净□　　　凳子放回原处□ 台面清理干净□	

验收				
优秀□	良好□	中□	及格□	不及格□

教师签字：　　　　　　　　　　　　日期：

(五) 任务实施标准

项目内容	配分	评分标准		扣分
故障分析	30 分	(1)故障分析、排除故障思路不正确 (2)不能标出最小故障范围	扣 5~10 分 每个扣 15 分	
故障排除	70 分	(1)工具及仪表使用不当 (2)检查故障的方法不正确 (3)排除故障的方法不正确 (4)不能排除故障点 (5)扩大故障范围或产生新的故障点 (6)损坏电气元件 (7)排除故障后通电试车不成功	每次扣 5 分 扣 20 分 扣 20 分 每个扣 30 分 每个扣 40 分 每个扣 20~40 分 扣 50 分	

续表

项目内容	配分	评分标准	扣分
安全文明生产	违反安全文明生产规程	扣 10～70 分	
故障排除时间	30min,故障查找不允许超时,故障排除每超时 5min,扣 5 分		
开始时间		结束时间	
成绩			

四、知识拓展——X62W 万能铣床常见故障分析

1. 主轴电动机 M1 不能启动

(1) 如果接触器 KM3 吸合但电机不转,则故障原因在主电路中(见图 5-11)。

① 主电路电源缺相。

② 主电路中 FU1、KM3 主触点、SA5 触点、FR1 热元件有任一个接触不良或回路断路。

排除方法:参照本项目图 5-6 和图 5-7 所讲的电压测量法,用万用表依次测量主电路故障点电压。

(2) 如果接触器 KM3 不吸合,则故障原因在控制电路中(见图 5-11)。

① 控制电路电源没电、电压不够或 FU3 熔断。

② SQ7-2、SB1、SB2、SB3、SB4、KM2 常闭触点任一个接触不良或者回路断路。

③ 热继电器 FR1 动作后没有复位导致其常闭触点不能导通。

④ 接触器 KM3 线圈断路。

排除方法:参照本项目图 5-8 所讲的电阻测量法,用万用表测量控制电路,找出故障点。

2. 工作台各个方向都不能进给

(1) 进给电机控制的公共电路上有断路,如 13 号线或者 20 号线上有断路。

(2) 接触器 KM3 的辅助动合触点 KM3(12—13)接触不良。

(3) 热继电器 FR2 动作后没有复位。

3. 工作台能够左、右和前、下运动而不能后、上运动

由于工作台能左右运动,所以 SQ1、SQ2 没有故障;由于工作台能够向前、向下运动,所以 SQ3 没有故障,所以故障的可能原因是 SQ4 行程开关的动合触点 SQ4-1 接触不良。

4. 圆工作台不动作,其他进给都正常

由于其他进给都正常,则说明 SQ6-2、SQ4-2、SQ3-2、SQ1-2、SQ2-2 触点及连线正常,KM4 线圈线路正常,综合分析故障现象,故障范围在 SA1-2 触点及连线上。

5. 工作台不能快速移动

如果工作台能够正常进给,那么故障可能的原因是 SB5 或 SB6、KM6 主触点接触不良或线路上有断路,或者是 YA 线圈损坏。

任务 3　Z3040 摇臂钻床控制电路分析与故障排除

一、任务描述与目标

钻床可以进行钻孔、扩孔、铰孔、刮平面及改螺纹等多种形式的加工。Z3040 型摇臂

钻床如图 5-15 所示。在钻削加工时，钻头一面进行旋转切削，一面进行纵向进给。

根据钻床加工工艺，Z3040 型摇臂钻床对电力拖动及其控制有以下要求：

（1）摇臂钻床由四台电动机进行拖动：主轴电动机带动主轴旋转；摇臂升降电动机带动摇臂进行升降；液压泵电动机拖动液压泵供出压力油，使液压系统的夹紧机构实现夹紧与放松；冷却泵电动机驱动冷却泵供给机床冷却液。

（2）主轴的旋转运动和纵向进给运动及其变速机构均在主轴箱内，由一台主轴电动机拖动。主轴在进行螺纹加工时，要求主轴电动机能正反向旋转，通过改变摩擦离合器的手柄位置实现正反转控制。

图 5-15　Z3040 型摇臂钻床

（3）内外立柱、主轴箱与摇臂的夹紧与放松是由一台电动机通过正反转拖动液压泵送出不同流向的压力油，推动活塞、带动菱形块动作来实现，因此要求液压泵电动机能正反向旋转，采用点动控制。

（4）摇臂的升降由一台交流异步电动机拖动，装于主轴顶部，通过正反转来实现摇臂的上升和下降。摇臂的移动严格按照摇臂松开→移动→摇臂夹紧的程序进行。因此，摇臂的夹紧放松与摇臂升降按自动控制进行。

本次任务的目标是：

（1）掌握 Z3040 型摇臂钻床控制电路工作原理。

（2）能进行 Z3040 型摇臂钻床控制电路故障排除。

（3）在小组实施项目过程中培养团队合作意识。

二、相关知识

（一）钻床的主要结构

Z3040 型摇臂钻床主要由底座、内立柱、外立柱、摇臂、主轴箱和工作台等部分组成，如图 5-16 所示。内立柱固定在底座的一端，外面套有外立柱，外立柱可绕内立柱旋转 360° 摇臂的一端为套筒，它套装在外立柱上并借助丝杠的正反转可绕外立柱上下移动。但由于丝杠与外立柱连成一体，同时升降螺母固定在摇臂上，所以摇臂不能绕外立柱转动，但是摇臂与外立柱一起可绕内立柱转动。主轴箱是一个复合部件，它由主传动电动机、主轴和主轴传动机构、进给和进给变速机构以及机床的操作机构等组成。主轴箱安装在摇臂上，通过手轮操作可使其在水平导轨上移动。当进行加工时，可利用特殊的夹紧机构将外立柱紧固在内立柱上，摇臂紧固在外立柱上，主轴箱紧固在摇臂

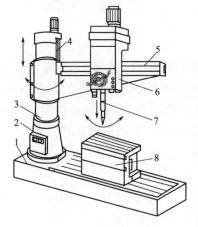

图 5-16　Z3040 型摇臂钻床结构
及运行情况示意图

1—底座；2—内立柱；3—外立柱；4—摇臂升降丝杠；5—摇臂；6—主轴箱；
7—主轴；8—工作台

导轨上，然后进行钻削加工。

（二）钻床的运动形式

（1）主运动：主轴带着钻头的旋转运动。

（2）进给运动：主轴带着钻头的纵向进给。

（3）辅助运动：摇臂连同外立柱围绕着内立柱的回转运动，摇臂在外立柱上的上升、下降运动、主轴箱在摇臂上的左右运动等。摇臂的回转和主轴箱的左右移动采用手动，立柱的夹紧放松由一台电动机拖动一台齿轮泵来供给夹紧装置所用的压力油来实现，同时通过电气联锁来实现主轴箱的夹紧与放松。

摇臂钻床的主轴旋转和摇臂升降不允许同时进行，以保证安全生产。

（三）主电路分析

Z3040 型摇臂钻床电气控制电路图如图 5-17 所示。主电路有 4 台电动机。

（1）主电路电源电压为交流 380V，自动空气开关 QF 作为电源引入开关。

（2）M1 是主轴电动机，由接触器 KM1 控制，只要求单方向旋转，主轴的正反转由机械手柄操作。热继电器 FR1 是过载保护元件，短路保护电器是总电源开关中的电磁脱扣装置。

（3）M2 是摇臂升降电动机，用接触器 KM2 和 KM3 控制正反转。因为该电动机属于短时工作制，故不设过载保护电器。

（4）M3 是液压油泵电动机，可以做正反转运行。其运转和停止由接触器 KM4 和 KM5 控制。热继电器 FR2 是液压泵电动机的过载保护电器。该电动机的主要作用是供给夹紧装置压力油，实现摇臂和立柱的夹紧和松开。

（5）M4 是冷却泵电动机，功率很小，由开关 SA 控制。

（四）控制电路分析

1. 主轴电动机 M1 的控制

合上电源开关 QF，按下启动按钮 SB2，接触器 KM1 线圈得电并自锁，主轴电动机 M1 启动，同时支路中的指示灯 HL3 亮，表示主轴电动机正常运行。按下停止按钮 SB1，KM1 线圈失电，其触点断开，M1 停转，同时指示灯 HL3 熄灭。

2. 摇臂的升降控制

由摇臂上升按钮 SB3、下降按钮 SB4 及正反转接触器 KM2、KM3 组成具有双重互锁的电动机正反转点动控制电路。摇臂的移动必须先将摇臂松开，再移动，移动到位后摇臂自动夹紧。因此，摇臂移动过程是对液压泵电动机 M3 和摇臂升降电动机 M2 按一定程序进行自动控制的过程，其动作流程如图 5-18 所示。摇臂升降控制必须与夹紧机构液压系统紧密配，由正反转接触器 KM4、KM5 控制双向液压泵电动机 M3 的正反转，送出压力油，经二位六通阀送至摇臂夹紧机构实现夹紧与松开。

摇臂上升的电流通路为：

按住摇臂上升按钮 SB3→KT 线圈得电 ┬→KT 的瞬动触点（19—20）闭合→KM4 线圈得电→①
　　　　　　　　　　　　　　　　　　└→KT 的延时断开的动合触点（3—23）闭合→②

① KM4 主触点闭合→液压泵电动机 M3 正转 ┐
　　　　　　　　　　　　　　　　　　　　　├→摇臂开始松开
② YA 得电→接通摇臂放松油路 ───────┘

摇臂完全松开后，SQ2 释放 ┬→SQ2-2（12—19）断开→KM4 线圈失电→③
　　　　　　　　　　　　　└→SQ2-1（12—13）闭合→KM2 线圈得电→④

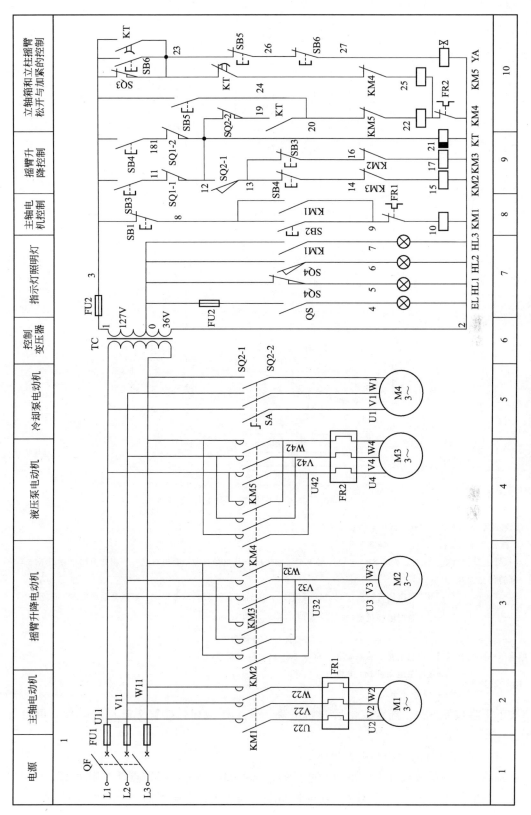

图5-17 Z3040型摇臂钻床的电气控制电路原理图

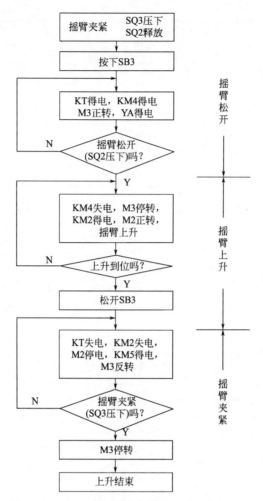

图 5-18　Z3040 型摇臂钻床摇臂上升工作流程图

③ 液压泵电动机 M3 停转,液压泵停止供油

④ 摇臂升降电动机 M2 正转→摇臂上升

当摇臂上升到所需位置时,松开 SB3→KM2 和 KT 线圈失电→其主触点和动合触点断开→摇臂升降电动机 M2 停止旋转→摇臂停止上升

KT 线圈失电后──→KT 延时闭合触点(23—24)延时 1 ~ 3s 后闭合→KM5 线圈得电→液压泵电动机 M3 反转──→摇
　　　　　　　└→KT 延时断开触点(3—23)延时 1 ~ 3s 后断开─┐
　　　　　　　　　　　　SQ3(3—23)闭合─┘└→YA 仍得电

臂开始夹紧→完全夹紧后,SQ2 释放,SQ3 动作→SQ3 (3—23) 触点断开→

KM5 线圈失电──→液压泵电动机 M3 停转
　　　　　　　└→YA 失电复位

　　按下下降按钮 SB4,摇臂放松后开始下降,其工作原理与摇臂上升过程类似,可自行分析。

　　3. 主轴箱和立柱的放松和夹紧控制

　　主轴箱与立柱的放松和夹紧是同时进行的,其控制电路是正反转点动控制电路。利用主轴箱和立柱的放松、夹紧,还可以检查电源相序正确与否,以确保摇臂升降电动机 M2 的正反转接线正确。

（1）主轴箱、立柱的松开

按下松开按钮 SB5，KM4 线圈得电，液压泵电动机 M3 正转（此时电磁阀 YV 失电），拖动液压泵，液压油进入主轴箱、立柱的松开油腔，推动活塞，使主轴箱、立柱松开。此时，SQ4 不受压，动断触点 SQ4 闭合，指示灯 HL1 亮。

（2）主轴箱、立柱的夹紧

到达需要位置后，按下夹紧按钮 SB6，KM5 线圈得电，液压泵电动机 M3 反转（此时电磁阀 YV 失电），拖动液压泵，液压油进入主轴箱、立柱的夹紧油腔，使主轴箱、立柱夹紧；同时，SQ4 受压，其动断触点断开，动合触点闭合，夹紧指示灯 HL2 亮，表示可以进行钻削加工。

4. 保护环节、照明及冷却泵电动机的控制

（1）保护环节

低压断路器 QF 对主电路进行短路保护；热继电器 FR1 对主轴电动机进行过载保护；热继电器 FR2 对液压泵电动机 M3 进行过载保护。摇臂的上升限位和下降限位分别通过行程开关 SQ1 和 SQ4 实现。

（2）照明电路

由开关 SQ 控制照明灯 EL 来实现。

（3）冷却泵电动机的控制

冷却泵电动机 M4 的容量很小，由开关 SA 控制。

三、任务实施

（一）任务实施内容

（1）Z3040 车床电气控制线路的安装与调试。

（2）Z3040 车床控制电路的检修。

（二）任务实施要求

（1）能读懂 Z3040 车床的电气控制图。

（2）能正确分析 Z3040 车床电气控制线路。

（3）能正确选择元器件，进行电气控制线路的安装与调试。

（4）掌握 Z3040 车床控制电路制线路检修的方法。

（三）任务所需设备

（1）电工常用工具，元器件若干。

（2）MF47 型万用表一块。

（3）Z3040 车床电气控制盘。

（四）任务实施步骤

1. Z3040 车床电气控制线路的安装与调试

（1）根据如下所示的电气元件明细表配齐电气元件，逐个检验型号，规格及质量是否合格：

代号	名称	型号及规格	数量	备注
M	电动机	Y 系列（或者用四组 12 个灯泡代替）	4	冷却泵、主轴、上升下降、夹紧放松

续表

代号	名称	型号及规格	数量	备注
QF	断路器	DZ47,20A,3P	2	电源总开关、冷却泵电机控制
FU	熔断器	RT14-20,2A	8	
KM	交流接触器	CJX2-0910,线圈电压220V(含辅助触点两开两闭)	6	KM1,主轴电机控制 KM2,KM3,上升、下降电机控制 KM4,KM5,放松、夹紧电机控制 KA 电磁阀
TC	控制变压器	BK-150VA,可变 220V,36V	1	
KT	时间继电器	ST3P,220V	1	
FR	热继电器	JR36-6.8-11A	2	
SB	组合按钮	LA4-3H	2	SB1,SB2 主轴启动、停止按钮 SB3,SB4 电机上升、下降控制按钮 SB5,SB6 夹紧、放松控制按钮
SQ	行程开关	LX19-311	4	SQ1,SQ4 上升、下降限位开关 SQ3 夹紧到位 SQ2 放松到位
XT	端子排	节	3	
EL	指示灯	220V	1	工作台指示灯
	导线	BLV2.5 红黄蓝	3	
	记号管	米	1	
	线槽	根	2	

（2）按照如下所示的电气元件位置图在控制板上安装所有电气元件，贴上醒目的文字符号：

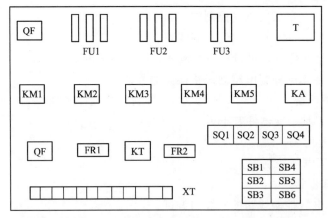

（3）按照电气原理图进行接线，先完成主电路接线，然后是控制电路，主电路用红色线，控制电路用蓝色线。

（4）主电路接线检查：按电路图或接线图从电源端开始，逐段核对接线有无漏接、错接之处，检查导线接点是否符合要求，压接是否牢固，以免带负载运行时产生闪弧现象。

（5）控制电路接线检查：用万用表电阻挡检查控制电路接线情况。

（6）合上开关，按照操作步骤进行操作，看是否满足控制要求。若有异常，按照检修步骤及方法进行检修，检修后再次通电试车，直至成功。

（7）通电试车完毕，停转，切断电源。

2. Z3040 车床控制电路的检修

任务实施任务单：

班级：_____ 组别：_____ 学号：_____ 姓名：_____ 操作日期：_____

测试前准备				
序号	准备内容	准备情况自查		
1	知识准备	Z3040 摇臂钻床主要构成元器件是否熟悉	是□	否□
		主电路、控制电路是否了解工作原理	是□	否□
		是否可以熟练利用万用表进行测量	是□	否□
2	材料准备	万用表是否完好	是□	否□
		工具是否齐全	是□	否□
		Z3040 摇臂钻床电气控制盘是否能正常工作	是□	否□

测试过程记录		
步骤	实施内容	数据记录
1	对 Z3040 摇臂钻床进行操作，熟悉 Z3040 摇臂钻床的主要结构和运动形式，了解 Z3040 摇臂钻床的各种工作状态和操作方法	
2	参照图 5-17 所示 Z3040 摇臂钻床电气控制原理图，熟悉 Z3040 摇臂钻床电气元件的实际位置和走线情况，并通过测量等方法找出实际走线路径	
3	在 Z3040 摇臂钻床上人为设置自然故障点，由教师示范检修，边分析边检查，直至故障排除。 讲解注意事项： (1)通电试验，引导学生观察故障现象。 (2)根据故障现象，依据电路图用逻辑分析法初步确定故障范围，并在电路图中标出最小故障范围。 (3)采取适当的检查方法查出故障点，并正确地排除故障。 (4)检修完毕进行通电试车，并做好维修记录	
4	由教师设置让学生知道的故障点，指导学生如何从故障现象着手进行分析，逐步引导学生采用正确的检查步骤和检修方法进行检修	
5	教师在线路中设置两处人为的自然故障点，由学生按照检查步骤和检修方法进行检修	
6	收尾检查： 电机正确装配完毕□ 仪表挡位回位□ 垃圾清理干净□ 凳子放回原处□ 台面清理干净□	

验收		
优秀□ 良好□ 中□ 及格□ 不及格□		
	教师签字： 日期：	

（五）任务实施标准

项目内容	配分	评分标准	扣分
故障分析	30 分	(1)故障分析、排除故障思路不正确 扣 5～10 分 (2)不能标出最小故障范围 每个扣 15 分	

续表

项目内容	配分	评分标准		扣分
故障排除	70分	(1)工具及仪表使用不当 (2)检查故障的方法不正确 (3)排除故障的方法不正确 (4)不能排除故障点 (5)扩大故障范围或产生新的故障点 (6)损坏电气元件 (7)排除故障后通电试车不成功	每次扣5分 扣20分 扣20分 每个扣30分 每个扣40分 每个扣20~40分 扣50分	
安全文明生产	违反安全文明生产规程		扣10~70分	
故障排除时间	30min,故障查找不允许超时,故障排除每超时5min,扣5分			
开始时间		结束时间		
成绩				

四、知识拓展——Z3040 摇臂钻床常见故障分析

摇臂钻床电气控制的特殊环节是摇臂升降。Z3040 系列摇臂钻床的工作过程是由电气与机械、液压系统紧密配合实现的。因此,在维修中不仅要注意电气部分能否正常工作,也要注意它与机械和液压部分的协调关系。

1. 主轴电动机无法启动

(1) 电源总开关 QF 接触不良,需调整或更换。

(2) 控制按钮 SB1 或 SB2 接触不良,需调整或更换。

(3) 接触器线圈 KM1 线圈断线或触点接触不良,需重接或更换。

2. 摇臂不能升降

(1) 行程开关 SQ2 的位置移动,使摇臂松开后没有压下 SQ2。

由摇臂升降过程可知,摇臂升降电动机 M2 旋转,带动摇臂升降,其前提是摇臂完全松开,活塞杆压行程开关 SQ2。如果 SQ2 不动作,常见故障是 SQ2 安装位置移动。这样,摇臂虽已放松,但活塞杆压不上 SQ2,摇臂就不能升降,有时,液压系统发生故障,使摇臂放松不够,也会压不上 SQ2,使摇臂不能移动,由此可见,SQ2 的位置非常重要,应配合机械、液压调整好后紧固。

(2) 液压泵电动机 M3 的电源相序接反,导致行程开关 SQ2 无法压下。

液压泵电动机 M3 电源相序接反时,按上升按钮 SB3(或下降按钮 SB4),液压泵电动机 M3 反转,使摇臂夹紧,SQ2 应不动作,摇臂也就不能升降。所以,在机床大修或新安装后,要检查电源相序。

(3) 控制按钮 SB3 或 SB4 接触不良,需调整或更换。

(4) 接触器 KM2、KM3 线圈断线或触点接触不良,重接或更换。

3. 摇臂升降后不能夹紧

(1) 行程开关 SQ3 的安装位置不当,需进行调整。

(2) 行程开关 SQ3 发生松动而过早动作,液压泵电动机 M3 在摇臂还未充分夹紧时就停止了旋转。

由摇臂夹紧的动作过程可知,夹紧动作的结束是由行程开关 SQ3 来完成的,如果 SQ3 动作过早,将导致液压泵电动机 M3 尚未充分夹紧就停转。常见的故障原因是 SQ3 安装位置不合适、固定螺丝松动造成 SQ3 移位,使 SQ3 在摇臂夹紧动作未完成时就被压上,切断了 KM5 回路,使 M3 停转。

排除故障时，首先判断是液压系统的故障（如活塞杆阀芯卡死或油路堵塞造成的夹紧力不够），或是电气系统故障。对电气方面的故障，应重新调整 SQ3 的动作距离，固定好螺钉即可。

4. 立柱、主轴箱不能夹紧或松开

立柱、主轴箱不能夹紧或松开的可能原因是油路堵塞、接触器 KM4 或 KM5 不能吸合。出现故障时，应检查按钮 SB6、SB7 接线情况是否良好，若接触器 KM4 或 KM5 能吸合，M3 能运转，可排除电气方面的故障，则应请液压、机械修理人员检修油路，以确定是否是油路故障。

5. 摇臂上升或下降限位保护开关失灵

限位开关 SQ1 或 SQ4 的失灵分两种情况：一是限位开关 SQ1 或 SQ4 损坏，SQ1 或 SQ4 触点不能因开关动作而闭合或接触不良使线路断开，由此使摇臂不能上升或下降；二是限位开关 SQ1 不能动作，触头熔焊，使线路始终处于接通状态，当摇臂上升或下降到极限位置后，摇臂升降电动机 M2 发生堵转，这时应立即松开 SB3 或 SB4。根据上述情况进行分析，找出故障原因，更换或修理失灵的限位开关 SQ1 或 SQ4 即可。

习题与思考

1. 简述电气原理图分析的一般步骤。在读图分析中采用最多的是哪种方法？

2. 简述 C650 车床按下反向启动按钮 SB4 后的启动工作原理。

3. 简述 C650 车床反向运行时的反接制动工作原理。

4. 读图 5-17 的 Z3040 摇臂钻床的电气原理图，分析下列故障现象的原因并在电气原理图中用虚线标出最小故障范围。

（1）M1、M2、M3、M4 各电机启动后均缺一相。

（2）除冷却泵电机可正常运转外，控制回路均失效。

（3）主轴启动，按 SB1 不能停止。

（4）主轴电机不能启动。

（5）摇臂不能升降，且 KT 线圈不得电。

（6）摇臂升降时，液压松开、夹紧正常，但摇臂上升失效，摇臂下降正常。

5. 阅读图 5-11 的 X62W 铣床电路，思考并回答下列问题：

（1）接触器 KM1 主触点熔焊后，会产生什么后果？

（2）FR1 动断触点断开跟 FR3 动断触点断开后果一样吗？

（3）SA1 的作用是什么？SA1-1、SA1-2、SA1-3 接触不良，结果一样吗？

（4）X62W 万能铣床电气控制电路主要采取了哪些联锁？如何实现的？

（5）L3 相中的 FU1 熔断器熔断，对电路会产生影响？

（6）主轴未转动，工作台可以进给吗？

（7）电路中采取变速冲动（或瞬时点动）有什么好处？

（8）控制主轴电动机的接触器 KM3 的通电路径是什么？

（9）写出主轴电动机冲动控制通电路径。

（10）写出向左进给的通电路径。

（11）X62W 万能铣床中，主轴旋转工作时变速与主轴未转时变速其电路工作情况有何不同？

（12）如果 X62W 万能铣床的工作台能左右进给，但不能前、后、上、下进给，试分析故障原因。

[1] 陈宝玲．电机与电控实训［M］．北京：北京师范大学出版社，2008．

[2] 白雪．电机与电气控制技术［M］．西安：西北工业大学出版社，2008．

[3] 王计波．电机与电气控制技术［M］．北京：北京邮电大学出版社，2012．

[4] 郭艳萍．电气控制与 PLC 应用［M］．北京：人民邮电出版社，2013．

[5] 张明金．电机与电气控制技术［M］．北京：电子工业出版社，2011．

[6] 劳动和社会保障部教材办公室组织编写．常用机床电气检修［M］．北京：中国劳动社会保障出版社，2014．

[7] 田淑珍．电机与电气控制技术［M］．北京：机械工业出版社，2009．

[8] 徐建俊．电机与电气控制项目教程［M］．北京：机械工业出版社，2008．

[9] 许晓峰．电机及拖动［M］．北京：高等教育出版社，2007．

[10] 李益民．电机与电气控制技术［M］．北京：高等教育出版社，2006．

[11] 张华龙．电机与电气控制技术［M］．北京：人民邮电出版社，2008．

[12] 祁和义，王建．维修电工实训与技能考核训练教程［M］．北京：机械工业出版社，2008．

[13] 胡幸鸣．电机及拖动基础［M］．北京：北京机械工业出版社，2009．